本草 二十四 節氣

藉節氣讀植物，藉植物讀文化！
看見古人的節令觀念、飲食文化與醫學智慧

入詩、入藥、入生活　　細寫每一種植物如何與時令相遇

重現古人眼中草木與天地的關係

順著節氣，詳觀花草的千姿百態
植物不只是知識，更是千年文化史

管弦 著

目 錄

自序 005

春 009

夏 061

秋 109

冬 159

◇目錄

自序

這是一部與二十四節氣相關的本草記。

二十四節氣，概括了四季交替和大自然物候變化的規律。立春、雨水、驚蟄、春分、清明、穀雨、立夏、小滿、芒種、夏至、小暑、大暑、立秋、處暑、白露、秋分、寒露、霜降、立冬、小雪、大雪、冬至、小寒、大寒，二十四個節氣，周而復始。每一個時節，都有相應的花草樹木，帶著獨特的模樣和鮮明的內涵，清新而出，蓬勃生長。

還有花信風，應著花期而來，從小寒節氣吹至穀雨節氣，來去有序，守時守信。四個月，八個節氣，二十四候。每候五日，都有某種花卉綻蕾開放，以梅花為最先，以楝花為最後。經過二十四番花信風之後，以立夏為起點的夏季就翩翩來臨了。

世間的花草樹木，就這樣和著二十四節氣，在與它們最相吻合的時節，從容綻放，擷光而行，循環往復，生生不息。它們可食可藥可醫，其形態、功效、作用，深藏著時節的特質；它們悅目悅顏悅心，其歷史、文化、傳說，流轉著歲月的光華。

◇ 自序

　　跟在它們身後的還有風、雨、雷、電、冰、雪、霜、露，以及人、事等，令人驚喜不斷，感慨萬千。

　　我迎著清風與明月，徜徉在二十四節氣裡，陪伴著這些花草樹木。我傾聽時令穿雲播雨的聲音，感受花木拔節生長的歷程。那清朗的、向上的節奏，揮灑著溫和良善、堅韌不拔的力量。一些人，些許事，諸多文化，多樣生活理念，均從那力量中，欣然張開翅膀。

　　我依然選擇以散文的語言、純雅的文字為依託，結合我的相關實踐、認知和感觸，按照二十四節氣的時令特點，探尋二十四節氣與花草樹木的關連，解讀不同時令中生長的植物的特性、養生療疾功用和歷史文化特點。

　　我曾經出版了《藥草芬芳》和《毒草芬芳》兩本與藥草相關的書，在《本草二十四節氣》裡，我力求以較大的篇幅、豐富的內容、新穎的形式，展現生動有趣的大自然氣象，從另一個視角展示中華優良傳統文化、中醫藥文化、生態文化的魅力，推動踐行健康文明的生活方式。

　　我始終相信，當我們傳播愛、健康和美的時候，我們就擁有了愛、健康和美。

　　本書受到許多關注與喜愛。原先發表於某主流媒體的專欄中，並被多個知識學習平臺及各報刊、網站廣泛轉載，曾入選某年度文學創作與生活融合推廣計畫，被許多老師、朋

友與讀者的期待並信任。我也依然對它飽含深深的期待和長長的信任。我期待並相信它，生得更美，長得更高，成長得更強壯。

　　我感恩我能夠擁有它。我將繼續陪伴它。

　　是為序。

管弦

◇ 自序

春

立春櫻桃花開

立春了。

立,為「開始」;春,代表著溫暖、生長。作為「二十四節氣」之首,立春,意味著萬物閉藏的冬季已過去,風和日暖、萬物生長的春季正到來。

櫻桃,也在立春時節展露笑顏。它的花,是立春花信風中的二候(一候迎春、二候櫻桃、三候望春),一般在立春五天後綻放;它的果實也有「早春第一果」之稱。

從最早的祭禮、賜品、宴品,到普通花果,櫻桃的天上人間,唯美了流金時光。

櫻桃花,「窣破羅裙紅似火」

櫻桃,美得不容一聲輕喚,一股俏麗玲瓏的感覺早已油然而生。

先瞧瞧櫻桃花朵。

「櫻桃花,一枝兩枝千萬朵。花磚曾立摘花人,窣破羅

◇ 春

裙紅似火。」在唐代詩人元稹（西元 779 ～ 831 年）這簡明凝鍊、情景交融的〈櫻桃花〉中，櫻桃花太明豔、活潑了。

繁英如雪的櫻桃花很早就令人流連，特別是唐代，吟詠者眾。與元稹共同倡導新樂府運動、世人並稱「元白」的白居易（西元 772 ～ 846 年），更是愛詩詠櫻桃花，留存至今的多達十餘首。兩個詩人如此愛寫櫻桃花，可能與洛陽有些淵源。元稹是洛陽人，白居易晚年長居洛陽，而洛陽一帶很早就以櫻桃聞名。

作為十三朝古都，洛陽自古以來便海納自然人文美景，它地處盆地，溝壑縱橫，清溪曲繞，向陽背風處很適宜櫻桃生長，故歷代多有栽植，現在還有作為洛陽八小景之一的「櫻桃溝」遺世。自秦漢以來，櫻桃被移植到皇宮御花園和達官雅士的林園之中，得以廣泛栽植。唐太宗李世民也作〈賦得櫻桃〉以示讚美：「華林滿芳景，洛陽遍陽春。朱顏含遠日，翠色影長津。喬柯囀嬌鳥，低枝映美人。昔作園中實，今為席上珍。」

櫻桃花，見證著元稹與白居易的情誼。貞元十九年（西元 803 年），二十四歲的元稹與年長他七歲的白居易同登書判拔萃科，同授祕書省任校書郎，此後兩人結為好友，常有詩作互贈。西元 815 年，宰相武元衡遇刺身亡，白居易主張嚴緝凶手，被認為「越職言事」；他的母親因看花而墜井

去世,他又著有眾多「賞花」及「新井」詩,被說成「有害名教」。這些都成為他被貶為江州(約在今江西九江)司馬的理由。在赴江州上任的途中,白居易想念五個月前被貶為通州司馬的元稹,寫了一首〈舟中讀元九詩〉:「把君詩卷燈前讀,詩盡燈殘天未明。眼痛滅燈猶暗坐,逆風吹浪打船聲。」

元稹聽聞此事後,當即寫下〈聞樂天授江州司馬〉:「殘燈無焰影幢幢,此夕聞君謫九江。垂死病中驚坐起,暗風吹雨入寒窗。」白居易在江州讀到,十分感動,尤其對「垂死病中驚坐起」一句特有感觸。他回信給元稹說:「此句他人尚不可聞,況僕心哉!至今每吟,猶惻惻耳。」而元稹收到白居易信後,又立即回覆一詩〈得樂天書〉:「遠信入門先有淚,妻驚女哭問何如。尋常不省曾如此,應是江州司馬書。」這些都足見二人交情之深。

白居易的櫻桃花詩,種類相當多元豐富,有懷念友人的,如〈題東樓前李使君所種櫻桃花〉;有感懷人生的,如〈櫻桃花下有感而作〉。而且,他走到哪裡寫到哪裡,如〈吳櫻桃〉、〈移山櫻桃〉等。遲暮之時,他還寫了一首〈櫻桃花下嘆白髮〉,令人枉自嗟呀:「逐處花皆好,隨年貌自衰。紅櫻滿眼日,白髮半頭時。倚樹無言久,攀條欲放遲。臨風兩堪嘆,如雪復如絲。」

歲月啊,真是一把「殺豬刀」。

◇ 春

令人仰望的「早春第一果」

再來看櫻桃果實。

朱顏靚麗,圓潤均勻。人們也常常直接把櫻桃果稱為櫻桃。

櫻桃非桃類,因其形似桃,顆如瓔珠,「瓔」即是像玉的石頭,又屬於薔薇科李屬落葉小喬木,故瓔改為櫻,得名櫻桃;因為雲鶯所含食,又名鶯桃、含桃。還因色紅,被稱為朱櫻。櫻桃英文名為 Cherry。

一年之計在於春,作為早春第一果,櫻桃可以「調中,益脾氣,令人好顏色,美志」,它的新、早、美又融合在新春中,讓人喜愛和推崇。櫻桃最早是古人薦新果物的首選。所謂薦新是順應時令和自然的祭祀活動,是古代祭禮的重要環節,即人們為了表達對天地、神靈、祖先的崇敬和感謝,以初熟穀物或時令果物供奉於宗廟社稷,希望來年繼續得到保佑。

中國古籍中的《禮記》有「羞以含桃,先薦寢廟」的記載。到了漢代,櫻桃薦新作為禮儀制度被正式載入史冊,西漢大臣叔孫通更將薦櫻由實踐性儀式走向制度化紀錄,《漢書・叔孫通傳》記載:「通曰:『古者有春嘗果,方今櫻桃熟,可獻,願陛下出。』因取櫻桃獻宗廟。上許之。諸果獻由此興。」南陳時期文學家江總的〈攝官梁小廟詩〉也提到薦櫻:

「疇昔遊依所，今日薦櫻時。」

東漢以後，皇帝還開始用櫻桃賞賜大臣。宋代類書（即古代一種資料記錄性書籍）《太平御覽》引用東晉學者王嘉的神話志怪小說集《拾遺錄》所載：「明帝月夜宴賜群臣於照園，大官進櫻桃，以赤瑛為盤，賜群臣。月下視之，盤與桃同色，群臣皆笑，云是空盤。」彤紅的果實與赤紅的玉盤，令月色都染上了紅光。當時品櫻桃、樂融融的場景，也傳為佳話。

唐代薦新、嘗新、賜櫻之風更盛，唐玄宗時代官修的禮儀著作《大唐開元禮》記載的薦新物就包括櫻桃，唐代官員張莒的〈紫宸殿前櫻桃樹賦〉說櫻桃「充薦乃眾果之先」，唐代郊廟歌辭中也有櫻桃薦新之表述，如「靡草凋華，含桃流彩」、「木槿初榮，含桃可薦」等。唐代宮廷內院中種植了櫻桃樹，每年成熟時先薦於寢廟，嘗新後由皇帝分賜群臣，如《舊唐書》記載：「大和之初……嘗內園進櫻桃，所司啟曰：『別賜三宮太后。』」，「有司嘗獻新苽、櫻桃，命獻陵寢宗廟之後，中使分送三宮十宅。」《新唐書》記載皇帝「夏宴葡萄園，賜朱櫻」。唐代文史資料集《唐語林》載「玄宗紫宸殿櫻桃熟，命百官口摘之」。

櫻桃，從此也帶動一種風尚，成為文人墨客爭相吟詠的對象。例如，唐代詩人王維的侍宴應制詩〈敕賜百官櫻桃〉

◇ 春

就比較有特色:「芙蓉闕下會千官,紫禁朱櫻出上闌。才是寢園春薦後,非關御苑鳥銜殘。歸鞍競帶青絲籠,中使頻傾赤玉盤。飽食不須愁內熱,大官還有蔗漿寒。」不僅把薦櫻的隆重、賜櫻的熱鬧雅致詳盡地敘述,還把櫻桃的特點清楚地表達,即櫻桃味甘、性熱、有微毒,食用時可搭配飲用一些甘寒的甘蔗汁來中和與平衡。

櫻桃的確不可一次食用太多,《日華子本草》說櫻桃「微毒,多食令人吐」;元代醫藥學家朱震亨也說「櫻桃屬火,性大熱而發澀。舊有熱病及喘嗽者,得之立病,且有死者也」;金代醫藥學家張從正的《儒門事親》還記載了這樣的醫案:「舞水一富家有二子,好食紫櫻,每日啖一二升。半月後,長者發肺痿,幼者發肺癰,相繼而死。」

櫻桃似乎天生就令人仰望,而令人仰望的緣由,也包括這微微的毒性吧。

「櫻桃進士」的隱者人生

走過漫漫冬季,迎來俏俏櫻桃,足以談談人生。

除了薦新、賜櫻,櫻桃的意義還表現在櫻桃宴上。櫻桃宴是櫻桃與進士的暖暖相合,烘托著金榜題名的喜悅。新的進士們在櫻桃宴上品嚐時新,美在眼裡,甜在心上。

櫻桃宴最遲開始於唐僖宗時代,有關櫻桃宴的最早記載

為乾符四年。研究唐代科舉制度的重要典籍之一《唐摭言》記載:「新進士尤重櫻桃宴。……時京國櫻桃初出,雖貴達未適口,而覃山積鋪席,復和以糖酪者,人享蠻榼一小盎,亦不啻數升。」左僕射劉鄴為了慶賀第二個兒子劉覃進士及第舉辦宴會,準備了很多剛上市的櫻桃招待賓客,吃法也頗為講究,用來佐櫻桃的糖酪都用了好幾升。

而宋末的進士蔣捷對於櫻桃更是別有體會。大約西元1274年,二十九歲的蔣捷前往臨安(今浙江杭州)參加殿試。殿試是科舉考試中的最高一級,皇帝親臨殿廷,發策會試通過的貢士——進貢給天子的士子。船過吳江時,觀賞著京杭大運河兩岸的柳色,蔣捷將滿懷愁緒帶進〈一剪梅‧舟過吳江〉:「一片春愁待酒澆,江上舟搖,樓上簾招。秋娘渡與泰娘橋,風又飄飄,雨又蕭蕭。何日歸家洗客袍,銀字笙調,心字香燒。流光容易把人拋,紅了櫻桃,綠了芭蕉。」那一句「流光容易把人拋,紅了櫻桃,綠了芭蕉」,令人無比心動,也讓蔣捷得到「櫻桃進士」的雅號,從此與櫻桃緊密相連。

一「紅」一「綠」,是對「飛逝的流光」之感慨,也是對盛世難逢的哀嘆。敏感的蔣捷已經依稀聽到蒙古人的鐵蹄南侵聲,預見到南宋小朝廷日落西山的前景。五年後,南宋王朝在與元軍的最後一役崖山海戰中失敗,左丞相陸秀夫背著

◇ 春

末代皇帝趙昺跳海而亡，南宋王朝果真如他所料覆滅了，世上再無「大宋進士蔣捷」。蔣捷一頭扎進故鄉宜興的茫茫竹海中隱居，拒絕進入仕途，人稱「竹山先生」。他留下的兩卷《竹山詞》，寫滿亡國之恨與痛。

關於蔣捷的生平，能夠查到的史料並不多，也許他主動將個人生活隱藏起來，有意模糊了人生印記。他大約生活在西元1245年至1305年間的南宋後期。這位南宋的末代進士，沒當過一天南宋的官，卻做了一輩子南宋的守靈人。他擅長寫詞，與周密、王沂孫、張炎並稱「宋末四大家」。他的詞內容清俊疏朗，多抒發故國之思、山河之慟，有造語奇巧、用詞清新之特點，在宋朝詞壇獨樹一格。

對讀書人而言，隱居的日子不是那麼好過的。滿腹經綸的書生，卻要為一日三餐而絞盡腦汁；那枝本來要揮毫經國大略的筆，卻只能寫一些擺到地攤上賣的字；而那填詞作賦的才華，卻只能在為別人編家譜、寫祭文時換來一些銀兩⋯⋯因此，當我們今天再來讀他的〈虞美人・聽雨〉時，更會別有一番滋味：「少年聽雨歌樓上，紅燭昏羅帳。壯年聽雨客舟中，江闊雲低、斷雁叫西風。而今聽雨僧廬下，鬢已星星也。悲歡離合總無情，一任階前、點滴到天明。」

這首詞大約創作於西元1299年的一個夜晚。在太湖北岸的一片竹林深處，五十多歲的蔣捷伏案於一盞昏燈下，一

邊聆聽窗外淒雨，一邊書寫平生感受。是啊，少年聽雨，意氣風發；中年聽雨，百折千迴；而暮年聽雨，都是無可奈何啊！在後人看來，他的聽雨，不僅是人生總結，還是一個時代的輓歌。他為光芒四射的宋詞寫下終章。

櫻桃，也以深沉之紅，為「櫻桃進士」畫上了句號。

雨水時節，「紅杏枝頭春意鬧」

東風解凍，散而為雨。

如果說立春是春天的第一樂章「奏鳴曲」，那雨水就是第二樂章「變奏曲」。隨著這個反映下雨現象的節氣來臨，春雨飄然而來，「隨風潛入夜，潤物細無聲」。

杏，也立在這充滿詩意的雨水中。它之洵美、它之功用、它之獨特，都隨著那雨水二候的花信風（一候菜花、二候杏花、三候李花），向我們揚起了青春逼人的笑臉。

我們的內心，早已沉醉在春風清朗的時光之中。

姣容三變的嬌豔之花

「沾衣欲溼杏花雨，吹面不寒楊柳風。」

杏花，綻放在淅淅瀝瀝的春雨中，嬌美在南宋詩僧志南的詩裡。杏花和雨，靜靜地依偎，輕輕地飄飛。

◇ 春

　　南北朝時期文學家庾信也很早就用〈杏花詩〉表達了對杏花的喜愛：「春色方盈野，枝枝綻翠英。依稀映村塢，爛漫開山城。好折待賓客，金盤襯紅瓊。」杏花一般有三種顏色，初開時紅，盛開時粉，將落時白。庾信用「紅瓊」來形容杏花初開時紅潤如玉的嬌羞模樣，令人忍不住心生疼愛。

　　然而，讓人沒有想到的是，這首本意讚美杏花的詩，後來卻成了非議杏花的源頭。因「紅瓊」初起、「姣容三變」，杏花被人歪曲為薄情多變的花，甚至成為「妓者」、「豔客」的代名詞。

　　晚唐詩人薛能是第一個破壞杏花形象的人，他的〈杏花〉詩寫道：「活色生香第一流，手中移得近青樓。誰知豔性終相負，亂向春風笑不休。」他把杏花比喻成輕佻風流的青樓女子，杏花的節操由此碎了一地。到宋朝以後，杏花更是被文人惡評。先是一些人發揮想像，把杏花用到美女的膚色上，「雲隨碧玉歌聲轉，雪繞紅瓊舞袖回」；繼而變成青樓裡的場景：「美酒一杯花影膩，邀客醉，紅瓊共作熏熏媚。」更有甚者，曲解南宋詩人葉紹翁的〈遊園不值〉，其中一句「一枝紅杏出牆來」本是描寫大好春色的，卻被「簡化」成「紅杏出牆」，意思全變。這種對杏花的非議一直持續到清代，李漁也說：「樹性淫者，莫過於杏。」杏樹還被扣上了「風流樹」的帽子。

幸好，無論非議如何，杏花，始終還有堅定不移的支持者。

金末文學家元好問（西元 1190～1257 年）就是一生詠杏、愛杏的代表人物，他寫了許多與杏花相關的詩。他所留下的作品中，詠杏的詩多達 35 首，另還有十幾處提及杏。在他的筆下，既有對杏花嬌豔欲滴的形態產生了不可抑制的喜愛，如「裊裊纖條映酒船，綠嬌紅小不勝憐」、「太一仙舟雲錦重，新郎走馬杏園紅」；也有借杏花絢爛而短暫的花期用以感嘆功名抱負的失落和人生的滄桑變幻，如「紛紛紅紫不勝稠，爭得春光競出頭」、「一樹杏花春寂寞，惡風吹折五更心」；更有借花開花落的變遷抒發祖國破滅之後無法重來的思念故國之情，如「荒村此日腸堪斷，回首梁園是夢中」、「荒蹊明日知誰到，憑仗詩翁為少留」等等。元好問被人稱為「詠杏詩詞史上首屈一指的大家」，足見其所寫的杏花詩影響之大。

值得一提的還有北宋工部尚書宋祁的〈玉樓春・春景〉：「東城漸覺風光好，縠皺波紋迎客棹。綠楊煙外曉寒輕，紅杏枝頭春意鬧。浮生長恨歡娛少，肯愛千金輕一笑？為君持酒勸斜陽，且向花間留晚照。」憑藉一句「紅杏枝頭春意鬧」，宋祁得了「紅杏尚書」的雅號。

近代美學家王國維也喜歡宋祁這首詩，他在《人間詞

◇ 春

話》中這樣評價：「著一『鬧』字，境界全出。」

是啊，看那枝頭紅杏，像一群生得好看、又有點害羞、還有點活潑的女孩。一個擬人化的「鬧」，畫龍點睛一般，將杏花「點」活。

福澤千年的杏壇、杏林

早在被各種議論包圍之前，杏就有很大的影響力了。

作為薔薇科杏屬喬木，杏是陽性樹種，深根性、結果早、盛果期長，它喜愛陽光，耐得住乾旱與風寒，適應能力強，壽命可達百年以上。在中國，杏的栽培史最少有三千年，古代常常「一色杏花三十里」，足見栽培數量之多、範圍之廣。春秋時期齊國經濟學家、政治家、思想家管仲（約西元前723～前645年）早就給予了杏肯定的評價，《管子》中說：「五沃之土，其木宜杏。」五沃，或赤，或青，或黃，或白，或黑，有廣泛寬大之意。

後來的孔子（西元前551～前479年）又將杏的影響進一步發揮。

據道家學派著作《莊子‧雜篇‧漁父第三十一》記載：「孔子遊乎緇帷之林，休坐乎杏壇之上。弟子讀書，孔子弦歌鼓琴。」孔子坐在杏壇上，為學生講學、授課，「杏壇」由此成為教育聖地的代名詞。不過，按西晉史學家司馬彪的注

釋，杏壇只是指「澤中高處也」，不一定種有杏樹或者跟杏有關。明末清初經學家顧炎武也認為《莊子》中凡是講孔子的，採用的都是寓言的寫法，杏壇不必真有其地。

在現在山東省曲阜市孔廟的大成殿前，還有存在著一個杏壇，相傳是孔子講學之處。當然，那是後人為了紀念孔子關於杏壇講學的典故而建。宋代以前此處只有大成殿，天禧二年（西元1018年），孔子四十五代孫孔道輔監修孔廟時，在正殿舊址「除地為壇，環植以杏，名曰杏壇」，金、元、明、清各代都有擴建或重修。杏壇方亭重簷，黃瓦朱柱，十字結脊，亭四周遍植杏樹，每到春和景明，杏花盛開，燦然若火。孔子後裔六十代衍聖公〈題杏壇〉云：「魯城遺跡已成空，點瑟回琴想像中。獨有杏壇春意早，年年花發舊時紅。」

而孔廟前的杏壇是否確為孔子開壇講學之處，已不重要了，重要的是「杏壇」作為中國教育之代名詞的傳承意義和價值。

在孔子去世約七百年以後，杏的影響再次被一個人放大並延伸，這個人就是東漢建安時期醫藥學家董奉（西元220～280年）。

董奉少年學醫，信奉道教，年輕時曾任小吏，不久後歸隱。某次途經廬山，看到當地人因戰爭而貧病交加，十分同情，便在山上行醫。他根據當地的地理、氣候條件，提倡當

◇ 春

地人在荒山坡上種植杏樹以救荒致富,並把種植技術傳授給他們。可是,剛開始很多人對這位「遊醫郎中」的建議持懷疑態度,並不實行。於是,董奉便定下規矩:看病不收費用,只要重病癒者在山中栽杏五株、輕病癒者栽杏一株即可。由於他醫術高明、醫德高尚,遠近患者紛紛前來求治,數年之間就種植了萬餘株杏樹,十年種了十萬多株。杏的果實成熟時,董奉又建一座倉存放杏果,並公告新規定:需要杏果的人,可用稻穀自行交換。董奉告訴大家食杏禁忌,並回收杏仁。交換得來的稻穀,除去維持生活所需,其餘的他也用來救濟貧民。據載,每年有兩、三萬人得到董奉的救濟。

東晉道教學者、醫藥學家葛洪的《神仙傳》把董奉的事蹟記載得很詳細:「君異居山為人治病不取錢,使人重病癒者,使栽杏五株,輕者一株,如此十年,計得十萬餘株,鬱然成林……」

此後,「杏林」成為中醫的別稱,醫者以「杏林中人」自居,人們以「杏林春秋」來展示中醫藥歷史,以「杏林佳話」來表達與中醫藥有關的趣談故事,以「杏林春暖」、「譽滿杏林」、「杏林高手」來稱頌品高術精的醫家。董奉更被譽為「杏林始祖」,與當時譙郡的華佗、南陽的張仲景並稱為「建安三神醫」。

杏，早已在那一片杏林中，伴著悠然飄過的流金歲月，出落成自己喜歡的模樣。

常被忽視的杏果之毒

而讓杏不會被輕易侵犯的原因是：它有毒。

杏有毒的部位主要是果實和核仁。對於它的果實，中國歷代醫家陸續彙集而成的醫藥學著作《名醫別錄》說：「（杏實）酸、熱，有小毒。生食多傷筋骨。」春秋戰國時期醫藥學家扁鵲說：「多食動宿疾，令人目盲、鬚眉落。」宋代醫藥學家寇宗奭說：「小兒多食，致瘡癰膈熱。」明代醫藥學家寧源說：「多食，生痰熱，昏精神。產婦尤忌之。」它的核仁苦而冷利，主要有毒的成分為苦杏仁苷，毒性比果實大，若一個核仁中有兩個仁的，更是大毒──「兩仁者殺人，可以毒狗」。杏仁中毒的潛伏期一般為 1 至 2 小時，初期表現一般為口苦澀、流口水、頭暈、頭痛、噁心、嘔吐、心慌、四肢無力，繼而出現心跳加速、胸悶、呼吸急促、四肢末端麻痺，嚴重時呼吸困難、四肢冰涼、昏迷驚厥，甚至出現尖叫，可從中毒者口中嗅聞到杏仁的苦味，最終意識喪失、瞳孔散大、牙關緊閉、全身陣發性痙攣，最後因為呼吸麻痺或心跳停止而死亡。兒童中毒的死亡率較高。

這可能有點讓人難以理解和接受，尤其是在現代人眼裡，杏仁是一種休閒美食，市場上到處有售，怎麼可能有毒

◇ 春

呢?其實,真正可以作為零食來食用的杏仁,只是扁桃仁的核仁。扁桃仁屬性甘、平、溫,無毒,明代醫藥學家李時珍把扁桃仁描繪得很清楚:「樹如杏而葉差小,實亦小而肉薄。其核如梅核,殼薄而仁甘美。點茶食之,味如榛子。西人以充方物。」

杏的毒,很好地保護了自己,它也理所當然地被《名醫別錄》列為下品,下品為佐、使,主治病以應地,多毒,不可久服,欲除寒熱邪氣,破積聚,愈疾者,本下經。作為下品,杏也是幸運的,它早已在那一片杏林中,得到董奉的陪伴和善待。

董奉深懂杏的毒,故特別講究炮製。後來醫藥學家記載的杏仁炮製方法,都汲取了董奉醫案中的精華。例如,南朝宋、齊、梁時期醫藥學家陶弘景說:「凡用杏仁,以湯浸去皮尖,炒黃。或用麵麩炒過。」南朝宋時期醫藥學家雷斅說:「凡用,以湯浸去皮尖。每斤入白火石一斤,烏豆三合,以東流水同煮,從巳至午,取出晒乾用。」董奉把杏的美發揚光大。他用杏果「去冷熱毒」,用杏花治「粉滓面䵟」,用杏葉治「人卒腫滿」,用杏枝治「墮傷」,用杏仁「消心煩,除肺熱,利胸膈氣逆,潤大腸氣祕」。

杏,便是處處有,也是處處有用的。而且,它的用途還有極為有趣的一面,即它的根可以解核仁中的毒,李時珍

說：「食杏仁多，致迷亂將死，切碎煎湯服，即解。」這樣的趣味，讓杏竟隱約透出了一分俏皮。杏，也是甜美可愛的，難怪它也叫「甜梅」，除了與梅有幾分相似之外，還取了「甜美」的諧音啊！

「萬樹江邊杏，新開一夜風。滿園深淺色，照在碧波中。」杏，總是昂揚在脈脈春風中。真是的，美都美不夠，還管它什麼「非議」呢？杏，讓美來得更猛烈些吧。

驚蟄一聲雷，響徹天地間

「陽氣初驚蟄，韶光大地周。桃花開蜀錦，鷹老化春鳩。……」

驚蟄到了。在唐代詩人元稹展示的明媚春色中，驚蟄節氣的「三候」也妙不可言。

「一候桃始華」，桃花燦爛開放，一派欣欣向榮的景象；「二候倉庚鳴」，黃鸝鳥開始殷殷鳴唱；「三候鷹化為鳩」，就更有味了。鳩，是布穀鳥。仲春之時，天空不見飛翔的雄鷹，只見鳴叫的布穀鳥。在古人看來，就好像是鷹變成了布穀鳥一般。

這也是古人對世間萬物消長變化的一種樸素認知。除了

◇ 春

這些，驚蟄更是開奏了雷鳴之歌。那清脆明亮的雷聲，宛若一曲昂揚奮發的交響樂，讓萬物更具蓬勃生機。

傳說中的正義之神

驚蟄本來是叫「啟蟄」的，〈夏小正〉曰：「正月啟蟄，言發蟄也。」後來，因為漢景帝的名字叫劉啟，為了避諱，把「啟蟄」改為了「驚蟄」，並沿用至今。

「蟄」指冬眠的蟲子，是「藏」的意思，元代理學家吳澄的《月令七十二候集解》說：「萬物出乎震，震為雷，故曰『驚蟄』。是蟄蟲驚而出走矣。」驚蟄時分，春雷開始響起，把蟄伏於地下冬眠的蟲子都驚醒了，真似「忽聞天公霹靂聲，禽獸蟲豸倒乾坤」。

雷，就是這樣威風凜凜地從天而降。在中國古代，懾於雷的巨大威力，人們一直對雷敬畏有加，將雷奉為神、公。神的本義是天神，泛指精神和神靈，神字始見於西周金文，字形構成也是表示祭臺的「示」和表示雷電的「申」。公的本義是對祖先的尊稱，最早見於甲骨文，雷為天庭陽氣，故稱「公」。雷崇拜蘊含在中華民族的文化血脈中，延續至今。在古人看來，雷是開天闢地的盤古之聲音所化，三國時期吳國學者徐整的《三五曆紀》將這些內容進行了清楚的記載：「天氣濛鴻，萌芽茲始，遂分天地，肇立乾坤，啟陰感陽，分布元氣，乃孕中和，是為人也。首生盤古，垂死化身，氣成風

雲，聲為雷霆；左眼為日，右眼為月；四肢五體為四極五嶽；血液為江河；筋脈為地理；肌膚為田土；髮髭為星辰；皮毛為草木；齒骨為金石；精髓為珠玉，汗流為雨澤；身之諸蟲，因風所感，化為黎甿。」

慢慢地，雷變得越來越生動，成為具象化的雷神、雷公。漢代以前，雷公是「龍身而人頭」的神，這在先秦古籍《山海經》卷十三〈海內東經〉裡有記載：「雷澤中有雷神，龍身而人頭，鼓其腹。在吳西。」漢代時，雷神漸漸人格化，東漢哲學家王充的《論衡‧雷虛篇》說：「圖畫之工，圖雷之狀，纍纍如連鼓之形。又圖一人，若力士之容，謂之雷公，使之左手引連鼓，右手推椎，若擊之狀。」可見當時人們心目中的雷公是一個大力士形象。

王充對此是有所批判的，他在這篇文章中駁斥了把打雷說成是上天發怒、有意懲罰犯有過錯的人的說法，認為這麼說毫無依據，故篇名叫「雷虛」。在王充看來，雷是一種火，打雷是一種自然現象，是陰陽二氣互相碰撞、衝擊而形成的。他認為雷公的說法是「虛妄之象也」。但他的這些觀點淹沒在歷史長河中，直到現代科技發展以後。

圍繞雷的想像力一直相當豐富。唐代時，雷公被形容為是一個遍身鱗甲的豬頭怪獸——「豕首鱗身」；明代的雷神則進化為長了肉翅的雌雞。道教中的五雷元帥是由五尊神明

◇ 春

所組成,全名「九天應元雷聲普化天尊」,包括坐於中間的鳥嘴人身、手執斧鑿的金面雷公,兩旁各有黃、綠、紅、粉四種臉面的雷公。此外,相傳雷公還有諸多的部將、侍從,如鄧天君、辛天君、龐天君等等。

雷,在流金歲月中氣勢磅礡。古人始終覺得雷是正義之神,能明辨世間善惡,並懲惡揚善,對暴殄五穀、忤逆不孝、罪大惡極之人,則由雷神「劈死」,或「五雷殛死」。民間還有「雷殛蜈蚣」、「狐遭雷殛」等傳說,說雷神把害人的大蜈蚣和狐妖劈死了。古人對雷神、雷公的敬仰和信任,非同一般。

愛好追求幸福的古人還覺得不能讓雷公太孤獨,便為他配了一位同樣威力十足的妻子,即「電母」。傳說中,雷公司雷,電母司閃電為其照亮,雷電默契於心,合拍於形。電母的記載最早出現在《宋史·儀衛志》中,說儀隊中有「雷公電母旗」。《元史》也說,電母旗上畫了一位女神,穿繡花的上衣、朱裙和白褲,兩手運光。

於是,雷有了情懷,形象也更感動人心。雷聲帶來變化,也帶來希望。「雷動風行驚蟄戶,天開地闢轉鴻鈞。」南宋詩人陸游〈春晴泛舟〉裡的詩句,就展現了驚蟄日一到、雷動風行、天開地闢、春意盎然的景象。

我們最喜愛的,就是雷作為正義之神的樣子。

人間至味雷公菌

雷降臨之時,大地也有歡騰的時刻。

最歡喜的,要數雷公菌了。作為真菌和藻類共生的複合體,雷公菌又稱為地皮菌、地踏菜、地耳、地衣、地踏菇等,它伴雷而生,常常是一陣驚蟄雷聲響過、一場春雨之後,它就悄悄地從地面冒了出來,在偏陰暗、偏潮溼的地方,一片片、一叢叢,一路鋪展,煞為奇特。

那麼,當春雷剛過,春雨方停,讓我們把暗黑中透出綠黃、與泡軟的黑木耳相似的雷公菌一把一把地採起來吧。盈盈快樂,也從遠方輕輕飄來,蕩著詩意,唱著歌曲,似畫一般,熨帖著我們的心。

採集時,最好選擇長在青石板上的,清潔乾淨。並且要快快地採,因為待天空放晴、太陽一晒,地皮菌就會很快變得面目全非。兜著雷公菌回家,輕輕細細地洗淨,做湯、炒蛋,味道都是極好的。

雷公菌營養豐富,富含蛋白質、多種維生素和磷、鋅、鈣等礦物質。據記載,人稱「葛仙公」的葛洪(西元281～364年)隱居時,曾因缺糧而採雷公菌為食。葛洪後應召入朝,將該品獻給皇上。當時正好太子體弱多病,食用後,身體迅速康復。皇上以為他進貢的是靈丹,就賜名稱「葛仙米」。清代醫藥學家趙學敏(約西元1719～1805年)的《本

◇ 春

草綱目拾遺》卷八有「葛仙米」記載：「土人撈取，生湖、廣沿溪山穴中石上，遇大雨沖開穴口，此米隨流而出，初取時如小鮮木耳，紫綠色，以醋拌之，肥脆可食……以水浸之，與肉同煮，作木耳味。」《梧州府志》也記曰：「葛仙米，出勾漏草澤間。採得曝乾，仍漬以水，可作羹入饌，味甚鮮。原非穀屬，而以象形，故稱米爾。」

雷公菌的美味深得人心，南朝宋時期文學家劉義慶（西元403～444年）等編撰的《世說新語‧識鑑》裡就有類似的故事：「張季鷹闢齊王東曹掾，在洛，見秋風起，因思吳中菰菜羹、鱸魚膾，曰：『人生貴得適意爾，何能羈宦數千里以要名爵！』遂命駕便歸。俄而齊王敗，時人皆謂為見機。」

「菰菜羹、鱸魚膾」，是吳中的兩道名菜。因為想念家鄉的兩道菜，連官都不做了，張季鷹堪稱魏晉風度之典型。那麼，菰菜羹到底是什麼做的呢？

一般都認為，菰菜是茭白。但茭白更適合炒肉而不是做羹，而且茭白的食用始於唐、宋時期，在張季鷹的時代不太可能出現。再退一步講，以現代人的口感，茭白做羹味道也好不到哪裡去。所以，當今學者考證認為，菰菜羹其實就是地皮菌羹。依據之一是南北朝梁時期學者宗懍（約西元501～565年）撰寫的筆記體文集《荊楚歲時記》，其中「九

月九日事」載:「菰菜,地菌之流,作羹甚美;鱸魚作膾白如玉,一時之珍。」如此誘人美食,難怪張季鷹想辭官。不過,雷公菌性味偏寒,趙學敏說它「性寒不宜多食」。

除了是一道美食,雷公菌還有藥用價值。中國歷代醫家陸續匯集而成的醫藥學著作《名醫別錄》說它「明目益氣,令人有子」,宋代《太平聖惠方》也說它「養血、止血、養胃、清心」。清代醫藥學家龍柏的《脈藥聯珠藥性考》讚它:「久食色美,益精悅神,至老不毀。」現代科學研究還發現,雷公菌含有一種可以抑制人大腦中乙醯膽鹼酯酶的活性成分,能夠防治阿茲海默症。

在人們對雷的敬重裡,也包含了對健康與美味的熱愛。

王磐和他的《野菜單》

雷公菌還被明代散曲家、畫家、醫藥學家王磐的《野菜單》娓娓道來。

「地踏菜,生雨中,晴日一照郊原空。莊前阿婆呼阿翁,相攜兒女去匆匆。須臾採得青滿籠,還家飽食忘歲凶。東家懶婦睡正濃。」地踏菜即雷公菌。

王磐(約西元 1470～1530 年),字鴻漸,號西樓,江蘇高郵人,被譽為「南曲之冠」。王磐少時薄科舉,不應試,終生不願入仕途。他寄情於山水詩畫之間,築樓於城

◇ 春

西,終日與雅士歌詠詩吟,自號「西樓」。所作散曲,題材廣泛,雖也多閒適之作,但有部分作品比較深刻地反映了社會現實,表達了改變現實的願望。例如,正德年間,宦官當權,船到高郵,必拍馬屁,騷擾民間,王磐便作〈朝天子・詠喇叭〉諷之:「喇叭,嗩吶,曲兒小腔兒大。官船來往亂如麻,全仗您抬聲價。軍聽了軍愁,民聽了民怕,哪裡去辨什麼真共假?眼見的吹翻了這家,吹傷了那家,只吹的水盡鵝飛罷。」

王磐嗟嘆百姓疾苦,當時,江淮之間連年水旱成災,災民經常採摘野菜充飢,王磐擔心百姓誤食傷身,便深入田間地頭調查,廣泛採訪有經驗的農民,經過目測、親嚐、驗證等,以文字、歌謠和手繪簡筆畫等各種形式說明野菜的形態、採集時間、食用方法、性味效用等,寫成《野菜單》,並以木刻印刷,廣為散發,以幫助災民度過饑荒。《野菜單》成書於正德年間(西元1506～1521年),分為序言和內容兩部分,全書共3,000多字,收集了能夠度過荒年饑饉的60種野菜之有關資料,是明代流傳很廣的一部救荒書籍,在植物學史中具有重要的研究價值。最初的木刻本題名為《王西樓野菜單》,在原著205字的序言中,王磐以樸實無華的語言道出良苦用心:饑荒之年,民不聊生,編撰此書,救民於水火之中。

王磐所接觸的大多是江浙地區的植物，其他地方的並不多見，《野菜單》所載的也大多是當時的植物，由於環境、氣候等地理因素的改變，有一些植物至今可能已經滅絕。現代常見的蒲公英、馬齒莧、野荸薺等還是列於其中。有意思的是，在全書60味野菜中，跟雷相關的就有兩種，除了雷公菌之外，還有雷聲菌。王磐為其配的歌訣是：「夏秋雷雨後生茂草中，如麻菇，味亦相似。雷聲菌，如卷耳；恐是蟄龍兒，雷聲呼輒起。休誇瑞草生，莫嘆靈芝死。如此凶年穀不登，縱有禎祥安足倚？」

　　雷聲菌是什麼模樣的呢？我查閱了各類古籍資料，均未發現有所記載。後來，我在現代人的一些敘述中發現一種號稱「雷打菌」的蘑菇，細長的模樣，常於雷雨過後叢生。雷打菌可能就是雷聲菌。

　　當然，促生「雷聲菌」的雷，是夏秋之雷，不是驚蟄之雷。然而這也無妨，無論何時何地的雷，都令我們深懷敬意。

春分，海棠依舊

　　雲銷雨霽，春色中分。

　　春分，正好是立春至立夏之間，春季三個月的中點，平

◇ 春

分了春季。春分這一日,白天黑夜等長,各為 12 個小時。「春分者,陰陽相半也。故晝夜均而寒暑平。」故春分也稱「升分」,古時又稱為「日中」、「日夜分」、「仲春之月」。

「縱目天涯,淺黛春山處處妙」,千花百卉片片芳。在春分的花信風之中,一候海棠、二候梨花、三候木蘭,都吹得明媚動人。來得最早的海棠,宛若春分的第一抹陽光,撞亮了初見的目光。

棠自海外來

「枝間新綠一重重,小蕾深淺數點紅。」

海棠花開的時候,清紅嬌嫩,恰似一抹新開的胭脂,帶著一絲羞怯和好奇,慢慢地暈染,淺淺地散開,如北宋學者沈立描繪的一樣:「二月開花五出,初如胭脂點點然,開則漸成纈暈,落則有若宿妝淡粉。」心,在那一刻,就融化了。

難怪,海棠還叫赤棠,李時珍把它收進《本草綱目》中,也冠以「海紅」之名。赤、紅,漫成一片明媚的主旋律,渲染在海棠花上,人們常常直接把海棠花叫做海棠。海與棠,也都有深意:「棠」內隱於海棠果的本質中,與甘棠(即野梨,又稱棠梨)牽手,「棠性多類梨」,海棠果與甘棠外形及性質均相似,都呈圓形且性味酸甘,既可鮮食又能製成

蜜餞,還可藥用治療腹瀉等;「海」牽引著海棠的名字,是古人認為海棠最早來自海外的緣故。唐代政治家、文學家李德裕的《花木記》說:「凡花木名海者,皆從海外來,如海棠之類是也。」唐代詩人李白也說:「海紅乃花名,出新羅國甚多。」李時珍根據李德裕、李白之說,得出結論:「則海棠之自海外有據矣。」

不過,海棠之「來自海外」,並不是現代意義上來自中國境外的意思,而是有來源不明或源自蠻荒地帶的含義。海這個字用在海棠身上,就像中國古籍《山海經》裡的「海」一樣。《山海經》內容包括「海內」、「海外」、「大荒」等部分。「海內」與「海外」不能理解為本土與海外。「海內」指的是「五服」中的甸服、侯服、綏服等地區,「海外」、「大荒」指要服與荒服。「五服」是古代一種地域劃分的方法,將整個國家地域根據離帝畿(即京都或京都及其附近地區)的遠近劃分而成。古人所在的「中土」(即中原地區)為山,山外為海,海外為荒。「海」不是現代人所說的海,而是古人視野範圍內距離較遠、荒晦而不可捉摸之地。

李白所說的新羅國也證明海棠的「海外關係」與《山海經》的一樣。新羅國(西元前 57 ～ 935 年)是朝鮮半島歷史上的國家之一,其母體為三韓之中的辰韓,首都位於金城(今韓國慶尚北道慶州市)。新羅國起初為朝鮮半島東南部的

◇ 春

部落聯盟，唐朝在新羅國設置雞林州都督府，作為對新羅進行羈縻統治的機構。羈縻的原意，見於西漢史學家司馬遷撰寫的中國歷史上第一部紀傳體通史《史記‧司馬相如傳‧索隱》，「羈，馬絡頭也；縻，牛靷也」，引申為籠絡控制。唐朝對西南少數民族採用羈縻政策，承認當地土著貴族，封以王侯，納入朝廷管理。宋、元、明、清幾個王朝稱為土司制度。統一新羅時代（西元668～901年）時，新羅國以唐朝諸侯國自居，還往往冠以唐朝國號作為全稱，如「有唐新羅國」、「大唐新羅國」等。

「海味」十足的海棠，還是源自古老的中國。海棠也確實是在唐代才閃亮登場的。相比甘棠這早就在中國最早詩歌總集《詩經》中亮相的植物，海棠的出場晚了一千來年。只是，海棠一出場就得到很高的評價，當它的記載最早出現在唐代地理學家賈耽（西元730～805年）的《百花譜》中時，就被如此盛讚：「海棠為花中神仙，色甚麗。」作為唐朝玄、肅、代、德、順、憲宗六朝元老、唐朝中期宰相賈耽的評價不會不引起別人重視。這般高的起點，點亮了海棠多姿多彩、紅紅火火的「樹生」。

後來，宋代詩人釋惠洪的《冷齋夜話》提到過唐明皇李隆基（西元685～762年）對海棠的喜愛：「上皇登沉香亭，詔太真妃子，妃子時卯醉未醒，命力士從侍兒扶掖而至。妃

子醉顏殘妝,鬢亂釵橫,不能再拜。上皇笑曰:『豈是妃子醉。真海棠睡未足耳。』」「海棠春睡」由此而生。

海棠,明媚了春天。

妙手偶得之

因唐代的盛開,而有了宋代的輝煌。

美麗、從容、安靜的海棠愉悅著人們的眼和心,被一個又一個深具慧眼、別有慧心的人吟誦。

尤其是在那個海棠花落的早晨,些許花瓣偶然飄落到詩詞的大樹下,被北宋詞人李清照的纖纖玉手,撿拾起來。

「昨夜雨疏風驟,濃睡不消殘酒。試問捲簾人,卻道海棠依舊。知否?知否?應是綠肥紅瘦。」這首李清照創作於西元 1102 年左右的〈如夢令〉,攜著海棠,彷彿俊逸瀟灑的身影,穿越了唐朝到宋朝的 400 多年時光。

時間回到大唐開元初年,也是一個春天的早晨,襄陽城外,鹿門山上,二十出頭、正在隱居的孟浩然(西元 689 ～ 740 年)看到山裡風雨方停,心中不禁詩意洶湧,一首簡單卻生動的詩脫口而出:「春眠不覺曉,處處聞啼鳥。夜來風雨聲,花落知多少。」這花裡,也有海棠吧?一百多年後,李商隱(約西元 813 ～ 858 年)緩緩走來,這位詩歌造詣很高的詩人身後,站著他十幾歲的外甥韓偓(西元 844 ～ 923

◇ 春

年），手握一枝海棠。李商隱對韓偓是很欣賞的，單看這句誇讚就可見一斑：「桐花萬里丹山路，雛鳳清於老鳳聲。」韓偓也繼承了姨父的衣缽。那一個春天，韓偓看到一個女子，在酒醒懶起之時，因院子裡被風雨打落的海棠而心思婉轉。韓偓便從女子角度，寫了一首〈懶起〉：「百舌喚朝眠，春心動幾般。……曖嫌羅襪窄，瘦覺錦衣寬。昨夜三更雨，今朝一陣寒。海棠花在否，側臥捲簾看。」真乃「似曾相識燕歸來」，「百舌喚朝眠」不是和「春眠不覺曉，處處聞啼鳥」很像嗎？光陰似水流淌，慢慢浸入西元1084年，這個北宋文壇的黃金時代，這一年，文學家李格非（約西元1045～1105年）以「一道清流照雪霜」，為喜得之千金取名：李清照。李格非是蘇軾的學生，蘇軾有好些學生都名聞天下，大約西元1094年春天，蘇軾的另一名得意弟子秦觀（西元1049～1100年）以一首〈如夢令・春景〉驚了春光：「鶯嘴啄花紅溜，燕尾點波綠皺。指冷玉笙寒，吹徹小梅春透。依舊，依舊，人與綠楊俱瘦。」

原來，海棠閃耀在李清照的〈如夢令〉之前，經歷過那麼多風吹雨打的時光，「昨夜雨疏風驟」與「夜來風雨聲，花落知多少」、「昨夜三更雨」；「試問捲簾人」與「側臥捲簾看」；「卻道海棠依舊。知否？知否」與「海棠花在否」；還有「綠肥紅瘦」那個點睛之「瘦」，都印著「瘦覺錦衣寬」、「人與綠

春分，海棠依舊

楊俱瘦」的模樣。

流轉，流轉，海棠伴著唐詩宋詞的璀璨一併流轉，轉到明代畫家、書法家、詩人唐寅手中。記住了唐明皇那「海棠春睡」的唐寅，早已思緒悠悠，揮筆畫下〈海棠美人圖〉。

唐寅（西元 1470～1524 年），字伯虎。歷史上的唐伯虎，並沒有傳說中的那樣好運，「三笑點秋香」的故事也純屬後人杜撰。他是蘇州府吳縣人，父親是一個商人。他從小酷愛讀書，記憶力超群，過目成誦，「每夜盡一卷」。二十四歲那年，唐寅的父親去世，母親、妻子、兒子、妹妹也相繼在隨後一、兩年內逝去，家境逐漸衰落。在好友祝允明的規勸下，唐寅潛心讀書備考。二十八歲獲應天府鄉試第一名，但次年參加會試，卻因牽連科場弊案而下獄，罷黜為吏，致使功名受挫，此後無意仕進，以賣文賣畫為生。唐寅晚年窮困潦倒，但畫作、詩文頗豐。因擅長詩文，他與祝允明、文徵明、徐禎卿並稱「江南四才子」；而其畫名更著，又與沈周、文徵明、仇英並稱「吳門四家」。

在〈海棠美人圖〉中，唐寅別出心裁地題了一首詩：「褪盡東風滿面妝，可憐蝶粉與蜂狂。自今意思誰能說？一片春心付海棠。」

是的，無論怎樣，海棠都依舊值得我們將真心相送。

◇ 春

正氣存天然

　　綠樹，紅花，經典明正的形象，令海棠有著天然的正氣。人們常常用它來類比甘棠。

　　北宋詩人王禹偁（西元 954～1001 年）的〈題錢塘縣羅江東手植海棠〉就是把海棠比甘棠，並藉以寄情、明志的：「江東遺跡在錢塘，手植庭花滿縣（一作院）香。若使當年居顯位，海棠今日是甘棠。」

　　這應是王禹偁遭貶謫時所作之詩。王禹偁，字元之，於北宋太平興國八年（西元 983 年）中進士，歷任右拾遺、左司諫、知制誥、翰林學士。他為官清廉，關心民間疾苦，且秉性剛直，不畏權勢，遇事直言敢諫，發誓要「兼磨斷佞劍，擬樹直言旗」。所以，他屢受貶謫，先後被貶至陝西商州、山西解州、安徽滁州、湖北黃州等地，但他意志堅定，曾作〈三黜賦〉，以「屈於身兮不屈其道，任百謫而何虧；吾當守正直兮佩仁義，期終身以行之」表達志願。

　　和海棠一樣，甘棠受重視的程度也很高，它跟隨西周召公，被記載在《史記·燕召公世家》中：「周武王之滅紂，封召公於北燕……召公巡行鄉邑，有棠樹，決獄政事其下，自侯伯至庶人各得其所，無失職者。召公卒，而民人思召公之政，懷棠樹不敢伐，歌詠之，作〈甘棠〉之詩。」《詩經·國風·召南·甘棠》對甘棠的吟唱確實情深意長：「蔽芾甘棠，

勿翦勿伐,召伯所茇。蔽芾甘棠,勿翦勿敗,召伯所憩。蔽芾甘棠,勿翦勿拜,召伯所說。」甘棠樹高又大,不要砍不要伐,召公在樹下居住過;甘棠樹高又大,不要砍不要伐,召公在樹下休息過;甘棠樹高又大,不要砍不要伐,召公在樹下停留過。人們由召公而愛甘棠,還有了成語「甘棠遺愛」,以頌揚已離去的政聲卓越的為官者。

召公本名姬奭,生卒年不詳,他和周公旦都是周武王的弟弟,共同輔助周成王治理國家,政績顯著。姬奭輔佐周武王滅商後,受封於薊(今北京),建立臣屬西周的諸侯國燕國(北燕),但他派長子姬克管理燕國,自己仍留在鎬京(今陝西長安)輔佐周王室。因采邑(古代國君封賜卿大夫作為世祿的田邑)於召(今陝西岐山西南),故稱召公、召伯、召公奭。

周武王逝後,其子周成王繼位,姬奭擔任太保。姬奭常在甘棠樹下處理政務,貴族和平民都各得其所,政通人和。周成王逝後,姬奭輔佐周康王,開創了「四十年刑措不用」的「成康之治」,為周朝延續八百多年打下堅實基礎。

「學優登仕,攝職從政。存以甘棠,去而益詠」便成為為官從政者的座右銘。甘棠,也成為清正的象徵。特別是海棠到來之後,它更是攜海棠一起,稱道正直、仁厚、勤勉、清廉之為官者。譬如,在位於濟南大明湖東北岸、為紀念曾

◇ 春

鞏而建的南豐祠內，就是先種植了甘棠，後又加種了海棠。江西南豐人曾鞏（西元 1019～1083 年）也是北宋文學家，為「唐宋八大家」之一，「唐宋八大家」是唐代韓愈、柳宗元和宋代歐陽脩、蘇洵、蘇軾、蘇轍、王安石、曾鞏八位散文家的合稱。曾鞏曾經做過齊州（今濟南）知州，為消除濟南水患，疏濬了大明湖、開闢了北水門，官聲頗佳。

海棠便伴著甘棠，以正氣存內、邪不可干的品格，成為人們對清風正氣的期盼和讚許。

柳花飛過，萬物清明

春風駘蕩，陌上花開，又是一年清明時。

二十四節氣中，唯有清明，既是節氣，又是節日。萬物生長至此，氣清景明，春意猛地透亮起來。

柳花，作為清明花信風的三候，在一候桐花、二候麥花之後，玲瓏而至。

似花非花楊柳花

應和著清澈明朗的時節，柳花將一派點點嫩黃綴在清綠的枝葉間，只待東風吹來，便隨風飄舞，把春光點亮播散。

作為楊柳科柳屬落葉喬木楊柳（即垂柳）的花，柳花是

柳花飛過，萬物清明

實實在在的小花，「似花還似非花」。北宋醫藥學家寇宗奭在《本草衍義》裡這樣定義它：「柳花即是初生有黃蕊者也。」柳花也不是柳絮，宋代詩人楊伯嵒的〈臆乘·柳花柳絮〉說得很清楚：「柳花與柳絮迥然不同。生於葉間成穗作鵝黃色者，花也；花既褪，就蒂結實，其實之熟、亂飛如綿者，絮也。古今吟詠，往往以絮為花，以花為絮，略無區別，可發一笑。」李時珍也闡述得很專業：「楊柳，縱橫倒順插之皆生。春初生柔荑，即開黃蕊花。至春晚葉長成後，花中結細黑子，蕊落而絮出，如白絨，因風而飛。子著衣物能生蟲，入池沼即化為浮萍。」

柳花也叫楊花，因著楊柳名字中含「楊」的緣故。楊柳向陽一般的光明性情和耐水溼、根密集、易繁殖、生長快、滯水緩流、掛淤落沙等特殊作用，讓它成為「護堤固岸的優秀衛士」，古人特別推崇種植楊柳，「岸邊多種柳，堤坡沖不走」。隋煬帝開鑿運河時，曾下令群臣和百姓在運河兩旁廣種楊柳，後人稱之為「隋堤柳」，坊間也有楊柳跟隋煬帝楊廣之楊姓的傳說，但其實不然，楊柳之「楊」是早就有的，「楊」、「柳」也同義。古典文籍中的「楊」是「柳」的一種，即蒲柳，中國古代最早的詞典《爾雅》說：「楊，蒲柳也。旄，澤柳也。檉，河柳也。」楊、旄、檉通謂之柳。《詩經·小雅·采薇》中的「昔我往矣，楊柳依依」之「楊柳」是

◇ 春

柳樹。源自《戰國策》的成語「百步穿楊」的「楊」也是柳葉,「楚有養由基者,善射;去柳葉者百步而射之,百發百中」。神話傳說裡觀音菩薩手持的「楊枝淨水瓶」中,插著的也是柳枝。現代植物學意義上的楊在中國古代常被稱作「白楊」、「青楊」。

跟隨著楊柳,柳花也別具一格。它沉在燕雀的競相親近中,「雀啄江頭黃柳花,鵁鶄鸂鶒滿晴沙」,這是唐代詩人杜甫在〈曲江陪鄭八丈南史飲〉中讚它;「小玉闌干月半掐,嫩綠池塘春幾家。鳥啼芳樹丫,燕銜黃柳花」,這是元代散曲家張可久在〈憑闌人・暮春即事〉中讚它。它醉在人們的清吟淺唱裡:「暖日宜乘轎,春風堪信馬。恰寒食有二百處鞦韆架。對人嬌杏花,撲人飛柳花,迎人笑桃花。來往畫船邊,招颭青旗掛。」與關漢卿、馬致遠、鄭光祖並稱為「元曲四大家」的元代雜劇家白樸,在〈慶東原・暖日宜乘轎〉中,把柳花與杏花、桃花和在一起吟誦,留住了清麗春光。

柳花確是留春之美好意象,它之留春,也合楊柳之意。從古至今,楊柳都有一種優雅的傷懷之美,柳與「留」諧音,人們常用折柳相贈、繫柳相依等形式,表達思念、留戀、難捨、永不分離之意和「春常在」的美好祝願,認為親朋好友離別家鄉正如離枝的柳條,希望他們到了新的地方,都能很快生根發芽,好似柳枝隨處可活一樣。

唐代詩人李白的〈春夜洛城聞笛〉：「誰家玉笛暗飛聲，散入春風滿洛城。此夜曲中聞折柳，何人不起故園情？」唐代詩人雍裕之的〈江邊柳〉：「裊裊古堤邊，青青一樹煙。若為絲不斷，留取繫郎船。」這兩首都是借楊柳寄託深情。

流金般的光彩裡，楊柳已經昇華為審美傳統中的一個典型象徵。柳花也在其中，盈盈欲飛。

閒捉柳花詩意圖

柳花，更得孩童心。他們常常滿心歡喜地追逐它、擁抱它，想把它「捉」住。

古代有兩位詩人，作詩描繪了孩童捉柳花的那幅妙趣橫生的場景。一位是唐代詩人白居易寫的答劉禹錫詩：「柳老春深日又斜，任他飛向別人家。誰能更學孩童戲，尋逐春風捉柳花？」另一位是南宋詩人楊萬里寫的〈閒居初夏午睡起〉：「梅子留痠軟齒牙，芭蕉分綠與窗紗。日長睡起無情思，閒看兒童捉柳花。」

還有什麼比「捉」字，最能展現柳花之妙曼與生動的呢，在「捉」中，柳花分明就是一個精靈古怪的小天使呀！瞧，那群爛漫孩童們，或仰，或俯，或奔，或跑，隨著柳花，撒出一路歡歌。一會兒工夫，那一抹小小的嫩黃就落到攤開的白嫩小手中了。又一會兒，那一抹小黃精靈不見了，

◇ 春

明明剛才沾到衣襟上了呀。再轉過圓圓臉蛋，望望四周，那黃，不正在飄著嗎？再等一會兒，哇！那小黃花，又立在一片草葉上，微微笑著呢！

真是可愛至極的好時光。真喜歡這樣至純至簡的時候。真想和這群孩童們一起，一點一點地捉柳花，一寸一寸地看柳花，美成一幅好畫。

畫，還真是有的。明代畫家周臣和仇英，就將楊萬里和白居易的捉柳花，變成了畫。詩畫融合的意境，不僅讓柳花之「捉」有趣，更令柳花之「閒」，富有深意。

周臣的〈閒看兒童捉柳花句意圖〉根據楊萬里的詩而作，絹本，設色，縱116.6公分，橫63.5公分，現藏於臺北故宮博物院。仇英的〈人物故事圖‧捉柳花圖〉根據白居易的詩而作，絹本，設色，縱41.1公分，橫33.8公分，現藏於北京故宮博物院。

山腳下，碧草間，翠柳低垂，捉柳花的孩童，身著一襲白袍閒立柳下、靜觀孩童嬉戲的雅士，超脫成空靈、忘情、動靜皆宜的狀態，栩然躍於周臣、仇英之畫上，美得令人感動到掉下淚來。

身為多產畫家，周臣流傳至今的作品比較多。他有兩個很有名氣的學生 —— 唐寅和仇英。兩人的風格與周臣極為接近，還青出於藍，在當時的名氣已經超過老師，尤其是唐

寅。後來有人為了牟利故意將周臣畫上鈐印挖去，假冒成唐寅之鈐印。當然，在如今的國際市場上，周臣有些畫的價格是超過唐寅的。

仇英出身貧寒，清代文學家張潮編纂的《虞初新志》說他：「其初為漆工，兼為人彩繪棟宇，後徙而業畫。」周臣賞識仇英才華，教他畫畫。明代文學家王世貞的《藝苑卮言》說：「仇英者，號十洲，其所出微，常執事丹青，周臣異而教之。」仇英是靠努力和才華成為中國美術史上為數不多的平民畫家的，與沈周、文徵明、唐寅被後世並稱為「明四家」、「吳門四家」。仇英臨摹宋人的畫作，幾乎可以亂真，例如〈清明上河圖〉。仇英的畫上，一般只題名款，極少寫文字。對此，有很多人讚他是一位不破壞畫面美感、為追求藝術境界的高人；也有人貶他教育程度不高，不能如唐寅那般詩文畫俱佳的人一樣在畫上作文題詩。

而柳花之「捉」與「閒」，清歡在眼裡，靜美在心中。人的世界裡，沒有「容易」二字，無數的辛苦、諸多的不如意，還有懷才不遇，甚至「懷璧其罪」，都流淌在歲月的風中。可以不忘記，卻須得放下。一「捉」一「閒」之間，終令內心清朗明淨。內心的清明，才是上等的人生。

周臣與仇英，師徒一場，共懂柳花之趣，都是情深之人。

◇ 春

柳花飄飛陋室銘

　　唐代文學家劉禹錫（西元 772～842 年）則將柳花從「捉」與「聞」之中，帶向「潔」。

　　他以〈柳花詞三首〉，將柳花的格調與情趣、品格與精神徐徐道來。其一：「開從綠條上，散逐香風遠。故取花落時，悠揚占春晚。」其二：「輕飛不假風，輕落不委地。撩亂舞晴空，發人無限思。」其三：「晴天黯黯雪，來送青春暮。無意似多情，千家萬家去。」

　　劉禹錫是有抱負的，他參與了永貞革新。永貞革新是唐順宗時期官僚士大夫以反對宦官專權和藩鎮割據、加強中央集權、革除政治積弊為主要目的的改革。主要人物是王叔文、王伾，兩人都是順宗在東宮時的老師，他們常與順宗談論唐朝的弊政，深得順宗的信任。順宗即位後，他們和劉禹錫、柳宗元等人一起，形成了以「二王劉柳」為核心的革新派勢力。永貞革新持續時間一百多天，後因俱文珍等人發動政變，幽禁唐順宗，擁立太子李純，終以失敗告終。永貞革新又稱「二王八司馬事件」，「二王」即王叔文、王伾，八司馬指韋執誼、韓泰、陳諫、柳宗元、劉禹錫、韓曄、凌準、程異，他們在改革失敗後，俱被貶為州司馬。

　　〈柳花詞三首〉是劉禹錫在永貞革新失敗後，遭逢貶謫而作，他借題發揮，抒發自己壯志難酬的悲憤。劉禹錫選

柳花飛過，萬物清明

擇柳花作為讚頌對象，真可謂別出心裁、眼光獨到。柳花不僅美，還實用，柳花小小的模樣，卻含有大大的功效。中國現存最早的藥物學專著《神農本草經》說它可主治「風水黃疸，面熱黑」。中國歷代醫家陸續彙集而成的醫藥學著作《名醫別錄》說它可主治「痂疥惡瘡金瘡」。唐代醫藥學家甄權說它「主止血，治溼痹，四肢攣急，膝痛」，搗汁服用即可。

除了柳花，楊柳的其他部分也很有用，柳樹皮能夠解熱鎮痛，柳葉可治足跟疼痛，柳枝是傳統的接骨妙藥，柳根能消腫止痛，柳絮可以治牙痛。它最讓人熟知的，是它和治療發熱或疼痛的藥物阿司匹靈的關係，阿司匹靈的發明起源於它。聰明的人們常常善用楊柳，有點這樣那樣疼痛的小毛病，他們是不會去看醫生的，自己用楊柳治一治，就好了。

柳，總在劉禹錫心中，在幾經貶謫的過程中，只要有楊柳，他都覺得心中得以釋然，在那篇著名的〈陋室銘〉之中，也有楊柳做鋪陳。清代文學家陳廷桂的《歷陽典錄》載：「陋室，在州治內，唐和州刺史劉禹錫建，有銘，柳公權書碑。」

也有記載稱，劉禹錫被貶至安徽和州時是當一名通判。按規定，通判應在縣衙裡住三間三廂之房，可是和州知縣見劉禹錫為貶官，故意刁難，先是安排他在縣城南門面江而

◇ 春

居。劉禹錫沒有怨言,還隨意寫下一副對聯貼在門上:「面對大江觀白帆,身在和州思爭辯。」知縣知道後很生氣,便又安排差役把他的住處遷到縣城北門,面積由原來的三間減少為一間半。新居位於德勝河邊,附近垂柳依依,劉禹錫仍不計較,且見到楊柳,更觸景生情,在門上貼了一副對聯:「垂柳青青江水邊,人在歷陽心在京。」知縣就派人把他調到縣城中部,並且只給他一間僅能容下一床、一桌、一椅的小屋。半年時間裡,劉禹錫被迫搬家三次,住居面積一次比一次小,最後僅是斗室,遂憤然提筆寫下〈陋室銘〉:

「山不在高,有仙則名。水不在深,有龍則靈。斯是陋室,唯吾德馨。苔痕上階綠,草色入簾青。談笑有鴻儒,往來無白丁。可以調素琴,閱金經。無絲竹之亂耳,無案牘之勞形。南陽諸葛廬,西蜀子雲亭。孔子云:何陋之有?」

世間的陰暗汙濁,終究抵不過光明暢達。

除了〈陋室銘〉,我喜歡的還有劉禹錫的〈竹枝詞〉:「楊柳青青江水平,聞郎江上踏歌聲。東邊日出西邊雨,道是無晴卻有晴。」屢遭貶謫的他,依然有豁達心境對著江岸垂柳抒寫女子對心中男子的殷殷情懷。

柳花,也明亮在青青楊柳中,凝望世間有情人,綿長了柔柔時光。

雨生百穀，花開荼蘼

「播穀降雨，雨生百穀」，穀雨，在如煙春雨中悄然降臨。

穀雨是二十四節氣的第六個，也是春季最後一個節氣。穀雨過後，二十四番花信風就過去了。於是，穀雨的花信風「一候牡丹、二候荼蘼、三候楝花」，作為年度花信風之總結，格外讓人留戀和難忘。

荼蘼位列其中，它的詩情畫意，它的獨特秉性，尤其令人心生憐愛。

身世紛紜荼蘼花

「一年春事到荼蘼，香雪紛紛又撲衣。盡把檀心好看取，與留春住莫教歸。」荼蘼，在中國古代曾被反覆吟誦，宋代詩人任拙齋的這首〈荼蘼〉即是代表。

那麼，荼蘼到底是什麼樣的呢？

早在明代，園藝學家工象晉（西元1561～1653年）編撰的、被譽為中國17世紀初農學鉅著的《群芳譜》就已把荼蘼詳細描繪了：「酴醾，一名獨步春，一名百宜枝杖，一名瓊綏帶，一名雪纓絡，一名沉香蜜友。藤身，灌生，青莖多刺，一穎三葉如品字形，面光綠，背翠色，多缺刻，花青跗

◇ 春

紅萼,及開時變白帶淺碧,大朵千瓣,香微而清,盤作高架,二三月間爛漫可觀,盛開時折置書冊中,冬取插鬢,猶有餘香。本名荼䕷,一種色黃似酒,故加酉字。」

也有學者把荼䕷與薔薇、木香當成同種植物,例如跟王象晉同一時代的王世懋(字敬美)。宋代作家張邦基也在《墨莊漫錄》中說:「酴醾花或作荼䕷,一名木香,有二品。一種花大而棘,長條而紫心者為酴醾;一品花小而繁,小枝而檀心者為木香。」

對此,《華夷花木鳥獸珍玩考》這樣說明:「王敬美《學圃雜疏》,乃疑酴醾為白木香,不知陶學士穀云,洛社故事,賣酴醾、木香插枝者,均謂百宜枝杖,二花並列,豈能無別耶?」意思是說,王敬美懷疑酴醾為白木香,可見他不曾見過酴醾。北宋大臣陶穀(西元 903～970 年)所著的《清異錄》說:「酴醾木香,事事稱宜,故賣插枝者云『百宜枝杖』,此洛社故事也。」據此,《華夷花木鳥獸珍玩考》認為,既然酴醾木香並列,就不可能是同一種植物。

清代學者李漁也認為荼䕷和薔薇、木香等花種是各自獨立存在的,不能混為一談,他在《閒情偶寄》中點出了它們的區別:「荼䕷之品,亞於薔薇、木香,然亦屏間必須之物,以其花候稍遲,可續二種之不繼也。」也就是說,荼䕷開得比薔薇、木香都晚一些。

不過,《中國植物誌》卻沒有正式收入「荼蘼」這個物種,而是把它當作一些薔薇科植物的別稱:香水月季別名「黃酴醾」;重瓣空心泡別名「荼蘼花」。書中記載:「重瓣空心泡,花重瓣,白色,芳香,直徑 3 到 5 公分,花期 5 到 7 月。通常庭園栽培供觀賞。在陝西和雲南(大理雪人峰半山)均採到標本。印度、印尼、馬來西亞也有分布。」《中國植物誌》是當代世界上最大型、種類最豐富的著作,全書 80 卷 126 冊,5,000 多萬字,是基於中國 80 餘家科學研究及教學單位的 312 位作者和 164 位繪圖人員,歷時 80 年的工作累積、45 年的編撰才得以完成的,記載了中國 301 科 3 屬 31,142 種植物的科學名稱、形態特徵、生態環境、地理分布、經濟用途和物候期等。

也有人提出,真正的荼蘼,是由木香花與金櫻子雜交而成,於唐、宋之際培育成功的。因此,宋代產生了荼蘼文化,荼蘼成為宋朝獨特的文化符號。但後來,也許是因為逐漸變種,荼蘼變了。

荼蘼的氣質,便在一片紛紜中,越發雅致神祕起來。其實,荼蘼就是荼蘼,不是其他,無可替代。荼蘼二字最早作「酴醾」,是指重釀之酒,荼蘼的花色和香味與酒近似,花瓣和果實也可製酒,故而有了這個名字。教育部重編國語辭典修訂本對「荼蘼」的注釋是:「植物名。薔薇科薔薇屬,落葉

◇ 春

攀緣灌木。羽狀複葉，柄上多刺，小葉三至五枚。暮春至夏初開黃白色重瓣花。也稱為『酴醾』。」

荼，本義為苦菜，也叫茅草白花，多用來形容女子容貌；蘼意為蘼蕪，是一種草名。荼蘼的模樣，別有風味：「其莖葉靡弱而繁蕪，故以名之」，「其葉似當歸，其香似白芷。」它的花朵一般為白色或米黃色，有藤蔓，攀附而生。荼蘼的香味，更是迷人：那花朵是很好的蜜源，可以提煉香精油。

荼蘼的文藝模樣，貫穿古今。

荼蘼架下「飛英會」

荼蘼鮮活在宋代。

宋代以前的文獻裡，幾乎找不到關於荼蘼的記載。有人做過統計，浩如煙海的唐詩中，荼蘼只出現過兩、三次；而在宋詩中，卻有140多位詩人歌詠荼蘼，創作的詩詞多達450餘首。

荼蘼之所以如此受青睞，是因為它已經融入了宋人的生活。

那靈動飄逸的遊枝蔓條，可以「延蔓庇覆，占庭之大半」，形成青翠帷幕，如北宋文學家張耒的〈咸平縣丞廳酴醾記〉所載一樣。張耒另有〈夏日七首〉(之一)寫道：「兩架

酴醾側覆簷，夏條交映漸多添。春歸花落君無恨，一架清陰恰滿簾。」荼蘼成簾，於喧囂塵世中隔出一處清靜之所，賞完一季花，又遮一季陰，至炎炎夏日之時，在其中納涼、散步、讀書、作畫，該是多麼溫柔多麼美。

韶華美景中，能飲一杯無？荼蘼與酒，便有了理不清的關係。宋代醫藥學家朱肱還在《北山酒經》詳細記載了宋時洛中調製酴醾酒的方法：「七分開酴醾，摘取頭子，去青萼，用沸湯綽（焯）過，紐（扭）乾，浸法又酒一升，經宿，瀝去花頭，勻入九升酒內。此洛中法。」用酴醾釀製美酒在宋詩中也頗有反映，如，北宋文學家蘇軾的〈荼蘼洞〉「分無素手簪羅髻，且折霜蕤浸玉醅」；郭印的〈酴醾閣〉「況此偏宜釀，逢人問酒方」等。

南宋詩人楊萬里（西元1127～1206年）卻不喜歡將荼蘼與酒相提並論，他一生作詩兩萬多首，傳世作品4,200首，有十多首與荼蘼有關，其中有詩寫道：「以酒為名卻謗他，冰為肌骨月為家。」唯恐跟酒扯到一起，玷汙了荼蘼的清白。

而將荼蘼賞到「至雅」境地的，當屬北宋文學家、翰林學士范鎮（西元1007～1088年）。

《誠齋雜記》記載：范蜀公居許下，造大堂，名以長嘯，前有酴醾架，高廣可容十客。每春季花繁蕪，客其下，約

◇ 春

日,有飛花墜酒中者嚼一大白,或笑語喧譁之際,微風過之,滿座無遺,時號「飛英會」。

春末荼蘼繁盛之時,宴請賓客於荼蘼架下,把酒暢敘。笑語喧譁中,荼蘼飛花落在誰的酒杯裡,誰就把杯中酒飲盡。微風過處,片片荼蘼落瓣像紛飛的雪花一樣,灑在杯中、案上、座中人的衣襟上,滿座醇香,讓人分不清是花香還是酒香。那樣的場景,實在有著清雅到極致的風流,較之王羲之的「曲水流觴」有過之而無不及。

范鎮是當時非常嚴肅的政治家,以直言敢諫聞名。在政治上,范鎮支持司馬光,與立志變法的王安石不和,曾五次上呈奏疏,其後又指責王安石以自己的喜怒哀樂作為獎賞懲罰的標準。王安石大為惱怒,親自起草制書反制范鎮。范鎮以戶部侍郎提前退休。

不獨范鎮,司馬光也很喜愛荼蘼,想必他也是范鎮家「飛英會」的常客吧,他在〈南園雜詩六首・修酴醾架〉中寫道:「貧家不辦構堅木,縛竹立架擎酴醾。風搖雨漬不耐久,未及三載俱離披。往來遂復廢此徑,舉頭礙冠行絓衣。呼奴改作豈得已,抽新換故拆四籬。來春席地還可飲,日色不到香風吹。」園中的荼蘼架倒了,曲徑不通,走過時掛衣掛帽,礙手礙腳,只好喚來家僕一起修繕,為的是來年春天可以席地坐在架下喝杯酒啊。瑣碎的敘述中,閒適之態可掬。

與司馬光、范鎮政見不同的王安石，也對荼蘼有著特別的愛。他作有〈池上看金沙花數枝過酴醾架盛開二首〉，其一：「故作酴醾架，金沙祇謾栽。似矜顏色好，飛度雪前開。」其二：「酴醾一架最先來，夾水金沙次第栽。濃綠扶疏雲對起，醉紅撩亂雪爭開。」他還寫有〈酴醾金沙二花合發〉，其中有「碧合晚雲霞上起，紅爭朝日雪邊流」的佳句。

這些政治風雲中圍繞變法而針鋒相對的主角，於政治之外都同樣會享受生活啊！想來，那些古代官員，都是可愛有味、富有境界和情趣的，在做官的同時，舞文弄墨，花下醉酒，從來就非常懂得人生之真諦。

開到荼蘼花未了

因為宋代文人對荼蘼非同一般的喜愛，荼蘼成了清、雅、韻的代表，北宋文學家晁補之甚至說酴醾應該取代牡丹成為「花王」。

然而，由於開在暮春，荼蘼還被人們賦予了另一種情感，被說成是傷感頹廢的花，「三春過後諸芳盡」，它的盛開意味著春天的結束。任拙齋那首「一年春事到荼蘼」也是這個意思，感傷春光流逝、花季不再，希望「與留春住莫教歸」。而更具代表性的當屬王淇的那句「開到荼蘼花事了」了，從字面上看，詩句的意思是：等到荼蘼開過，就再也沒

◇ 春

有花什麼事了。因此,荼蘼被認為是「末路之花」,代表韶華勝極、群芳凋謝之意。

清代文學家曹雪芹也持著這種看法,他在《紅樓夢》第六十三回前半部分〈壽怡紅群芳開夜宴,死金丹獨豔理親喪〉中寫道:湘雲便抓起骰子來,一擲九個點,數去該麝月。麝月便掣了一根(籤)出來,大家看時,上面是一枝荼蘼花,題著「韶華勝極」四字,那邊寫著一句舊詩,道是:「開到荼蘼花事了。」注云:「在席各飲三杯送春。」麝月問:「怎麼講?」寶玉皺皺眉兒,忙將籤藏了,說:「我們且喝酒罷。」

因為想到荼蘼的負面情感,寶玉才在別人還沒反應過來時趕快把籤藏了起來,連叫「喝酒喝酒」,把眾人的注意力岔開。而曹雪芹巧妙地運用這個情節,暗示賈府將盛極而衰、大觀園裡的女孩們將以悲劇命運收場。

那麼,王淇的「開到荼蘼花事了」到底是不是帶有這麼強烈的傷感情緒呢?我們不妨看看原詩。

古籍中關於王淇的記載,只有寥寥數語:「王淇,字菉漪。與謝枋得有交……」王淇不是北宋禮部侍郎王琪(字君玉),王菉漪比王君玉晚生了兩百年左右。因為謝枋得生於西元1226年,卒於西元1289年,王菉漪既然與他有交,那就屬同一時期的人。

謝枋得是南宋末年一位跟文天祥有同樣氣節的人,宋

亡後被俘到元大都（今北京），絕食而死，他在文學上的一大成就是重新編輯了《千家詩》。《千家詩》原名《分門纂類唐宋時賢千家詩選》，為南宋詩人劉克莊（西元 1187～1269 年）編輯。謝枋得對其整理增刪，其中就收錄了王淇的兩首詩，包括〈春暮遊小園〉：「一從梅粉褪殘妝，塗抹新紅上海棠。開到荼䕷花事了，絲絲天棘出莓牆。」

當梅花零落，像卸去粉妝時，海棠花就開了，又宛若少女剛剛塗抹了新紅一般豔麗。等到荼䕷開過，一季的花都開完了，這時又會有絲絲縷縷的天棘藤蔓爬過那莓牆。

觀看王淇全詩語境，哪裡有「韶華勝極，群芳凋謝」之感嘆呢？分明是表達春天剛過、夏天即將來臨之勝景，突出大自然中鮮花層出不窮、欣欣向榮之意。梅花落下，海棠會紅；海棠謝了，荼䕷花開；荼䕷開過，夏天到來。夏天又有各式各樣的花，石榴花、荷花，秋天還有菊花，冬天還有蠟梅，哪裡會「開到荼䕷花事了」呢？

唯四季輪替、時節變換、循環往復、生生不息而已。

◇春

夏

初夏,想起那個最懂青梅的曹操

初夏時節,江南的梅雨還沒有落,青青的梅子掛滿枝頭,是為青梅。

立夏日,古人會舉行各種儀式來迎接夏天。帝王的迎夏儀式正式而隆重,表達祈求天下太平、五穀豐登的強烈願望,而民間有祭神、嚐新的傳統。嚐新即品嚐時鮮,如夏收麥穗、金花菜、櫻桃、李子、青梅等。先請神明、祖先享用,然後親友、鄰里之間互相餽贈。

青梅,跳躍在這神奇而盛大的禮儀中,氤氳在初夏的風雨中,出落得更加清新、青碧、俏麗,渾身上下,更見風致了。

古往今來,與青梅相關的人和詩句多得難以贅述,但最懂青梅的非三國時期曹操莫屬。

望梅止渴是曹公

李時珍說:「梅,古文作呆,象子在木上之形。梅乃杏類,故反杏為呆。書家訛為甘木。後作梅,從每,諧聲

◇ 夏

　　也。」作為龍腦香科青梅屬喬木，青梅樹高約二十公尺，長圓形的碧綠色葉子，或純白或淡黃或淺粉的花朵，球形的果實相繼成長、盛開、結果，讓樹茂密繁實，姿態昂然。

　　當這玲瓏雅致的青果在枝頭展露笑顏時，人們便會想到三國時期的曹操。青梅，也被稱為曹公。北宋政治家、科學家沈括在《夢溪筆談》中說：「吳人多謂梅子為『曹公』，以其嘗望梅止渴也。」

　　曹操，無疑是真懂青梅的人。在一次征戰途中，道上缺水，將士皆渴，他便心生一計，以馬鞭往前虛指一下，說：「前面有一大片梅林，樹上的梅子又酸又甜，吃上一顆就可以解渴了。」將士聞之，口中都生出唾液，感覺好像不那麼渴了，便振作起來，繼續前行，終於到了有水的地方。這個故事被南朝宋時期文學家劉義慶記錄在《世說新語》中：「魏武行役，失汲道，三軍皆渴，乃令曰：『前有大梅林，饒子，甘酸可以解渴。』士卒聞之，口皆出水，乘此得及前源。」

　　「望梅止渴」，真是太貼合人的生理狀況了，因為味過於酸，以至於青梅只要被嘴巴唸出、在腦海中閃現，就會有津液不由自主地從口中泛出，慢慢浸潤口舌、心脾。它確實能夠生津止渴、調中除煩、醒神開胃，它的這些特點也與古代的陰陽五行相吻合。在五行「木、火、土、金、水」中，肝屬木，「木曰曲直」，木生酸，酸生肝，青梅得木之氣，與肝

膽有關連。李時珍將其中緣由解釋得很清楚:「梅,花開於冬而實熟於夏,得木之全氣,故其味最酸,所謂曲直作酸也。肝為乙木,膽為甲木。人之舌下有四竅,兩竅通膽液,故食梅則津生者,類相感應也。」

當初夏的慵懶睏倦昏昏襲來,性味酸甘的青梅是提神的最佳選擇,只是,對於青梅,一般不宜單獨或過多食用,否則容易損齒、傷筋、蝕脾胃,有血瘀和氣滯的人更是不能多吃青梅。味道苦澀的青梅就完全不要食用了,因為苦澀青梅有毒,食用後對身體有損害,嚴重時甚至會危及生命。古人常常把青梅加工成烏梅、白梅,「取青梅籃盛,於突上熏黑」,即成烏梅,「若以稻灰淋汁潤溼蒸過,則肥澤不蠹」。「取大青梅以鹽汁漬之,日晒夜漬」,十日即成白梅,因「久乃上霜」,白梅還叫鹽梅、霜梅。烏梅、白梅和青梅的功效相似,還都兼具美容養顏的效果。

曹操對青梅情有獨鍾,與他的第三位夫人卞夫人有關。卞夫人在自己家鄉的時候,喜愛青梅,隨曹操遷入河南許昌後,沒有機會欣賞和品嚐青梅了,忍不住長吁短嘆。曹操見狀,連忙派人從鄉村移來許多梅樹,種在相府附近的九曲河畔,形成一片梅林。每到梅子成熟,滿園馥郁芳香,令人心花怒放。卞夫人也陶醉於梅海之中。曹操還用耐腐、耐溼的梅木,在梅林裡建造了一間小亭,親筆書寫匾額「青梅亭」。

◇夏

曹操對出身倡家、曾以歌舞伎為生的卞夫人如此用心，除了被她的容貌和技藝吸引，還感動於她的有謀有識。當年，曹操刺殺董卓未遂，有人傳出曹操已死的謠言，曹家上下大亂，很多舊部準備離去，是卞夫人站出來挽留，她說：「曹君吉凶未可知。今日還家，明日若在，何面目復相見也？正使禍至，共死何苦！」她的真情留住了舊部，為曹操保存了力量。

於是，戀戀的情懷，和著青青的梅子，在顛沛流離的亂世中，歷經磨難，散發出瑰麗的光芒。

青梅煮酒論英雄

「煮酒青梅次第嚐，啼鶯乳燕占年光。」青梅，煮酒，相融在南宋詩人陸游的〈初夏閒居〉裡，**驚豔了時光**。

曹操，早已隱在那一片光輝中。除了留下「望梅止渴」的成語外，還有一個「青梅煮酒論英雄」的典故廣為流傳。劉備未成氣候時，在許昌被尊為皇叔，曹操邀劉備共飲，就青梅，飲煮酒，談論天下英雄。不過，曹操並不是把青梅與酒同煮，而是用青梅作為下酒的小吃。古人在喝酒之前喜歡將酒煮一下，酒通常被叫煮酒或溫酒。青梅是被作為佐酒之物來食用的。元末明初小說家羅貫中所著的《三國演義》第二十一回中描述得很清楚：「隨至小亭，已設樽俎：盤置青梅，一樽煮酒。」當然，後來也有把青梅和酒一起煮製、泡

製、加工，變成酒的，但那就叫做「青梅酒」了。

　　初夏時節，適當飲些酒，可以行氣、活血、預防心臟病發生，「夏氣與心氣相通」。酒，為水穀精液所化之物，能夠調和氣血、暢通陰陽、內助中氣、捍禦外邪、辟穢逐惡。中國第一部博物學著作、西晉文學家張華編撰的《博物志》上就記載了一個這樣的故事：「王肅、張衡、馬均三人，冒霧晨行。一人飲酒，一人飽食，一人空腹。空腹者死，飽食者病，飲酒者健。此酒勢辟惡，勝於作食之效也。」說的是王肅、張衡、馬均三人在旅行的途中遇到了瘴氣。瘴氣是中國南部、西南部地區山林間溼熱蒸鬱、致人疾病的有毒氣體，多是熱帶原始森林裡動植物腐爛後生成的毒氣。當時，餓著肚子的人死了，吃飽飯的人生病了，只有喝了酒的人依然健康。由此足見酒的功效。典籍上還有「酒以治疾」的記載，古代醫生在治病時大多會用到酒，酒與藥同用時，能更好地發揮藥物的療效，就連古代釀酒的目的之一都是為了作為藥用。

　　這被稱為「杜康」的液體還能夠潤容顏、消憂愁。唐代醫藥學家陳藏器說酒能「通血脈，厚腸胃，潤皮膚，散溼氣，消憂發怒，宣言暢意」，唐代醫藥學家孟詵說酒能「養脾氣，扶肝，除風下氣」，等等，都證實了這一點。難怪有「何以解憂，唯有杜康」之說。

　　當然，飲酒之妙，在於適量飲用後輕鬆的感覺。過飲傷

◇ 夏

身，輕則傷人脾胃，重則損人神氣。春秋戰國時期，醫藥學家扁鵲就說過「過飲腐腸爛胃，潰髓蒸筋，傷神損壽」。唐代醫藥學家孫思邈也特別強調：「飲酒勿大醉，諸疾自不生。」

　　古代的酒，因為釀造工藝等方面的原因，常常略顯混濁，故古人常稱之為濁酒。享一樽濁酒時，他們喜歡選擇一些清新的下酒之物，用來怡情化濁。青梅，便是理想之物。青梅佐酒，還能令氣血流通、心脈無阻。青梅的酸，藉著酒的香，蕩漾開來，別有一番舒爽滋味湧上心頭。青梅煮酒，成為了古代一種例行的節令性飲宴活動。

　　曹操就在青梅園的青梅亭中，對劉備說了那句豪氣沖天的話：「今天下英雄，唯使君與操耳！」爽朗的笑聲，令青梅在枝頭葉尖舞蹈，掀起直衝雲霄的浪漫音符；令酒像極了山間清泉，汩汩地從心底奔湧出來。曹操的從容、狡黠、試探，劉備的偽裝、周旋、機智，演繹出來的一場無聲的刀光劍影，全浸染了梅香和酒香，直至肝膽、心脾。

　　青梅煮酒，幾乎是天下英雄和風雅之士都喜愛的場面。青梅，也早已在滾滾長江東流水中，和著浪花，淘盡英雄。

郎騎竹馬繞青梅

　　青梅的情誼，和竹馬連在一起，才是最純真的。

　　想那天真爛漫的年華中，你以一根長竹為馬騎來，和我

初夏，想起那個最懂青梅的曹操

一起賞玩青梅，二人純潔無瑕、毫無猜忌，那是多麼令人留戀的青青時光呀！「郎騎竹馬來，繞床弄青梅。同居長干里，兩小無嫌猜。」唐代詩人李白一首〈長干行〉，借一位商人之妻對小時候與玩伴親暱嬉戲的回憶，道盡那青梅時節的難忘韶華。

曹操也是有「青梅竹馬」的，而且那位「弄青梅」的女子也不一般，是天生麗質、博學多才、尤善詩賦、精通音律、聲名遠播的蔡文姬。蔡文姬，名琰，字明姬，後因避司馬昭的名諱，改為文姬。蔡文姬是東漢文學家、書法家、左中郎將蔡邕的女兒。曹操曾做過蔡邕的學生，常常出入於蔡邕府上，按照輩分跟年齡算，蔡文姬是曹操的學妹。

有曹操這樣的「騎竹馬郎」，蔡文姬還是應該感到慶幸的。她初嫁當時河東望族衛家的衛仲道，不久因丈夫去世回到娘家；南匈奴入侵時，她又為匈奴左賢王所擄，生育了兩個孩子。幸而曹操念念不忘師恩和年少深情，在統一北方後，派使者攜帶黃金千兩、白璧一雙，把流落在南匈奴的她贖了回來，讓她嫁給董祀，並對她和董祀的生活也給予了接濟和幫助。曹操的幫助，還讓蔡文姬可以堅持發揮自己的才華，蔡文姬歸漢後作有〈悲憤詩〉兩首，一首為五言體，一首為騷體，其中五言的那首側重於「感傷亂離」，是中國詩歌史上第一首文人創作的自傳體長篇敘事詩。曹操的兒子曹植和

◇ 夏

後來的唐代詩人杜甫的五言敘事詩等都深受了蔡文姬的影響。

曹操成為蔡文姬坎坷命運裡的一道光,讓青梅竹馬閃耀在歷史的注視中。相較而言,唐琬的青梅竹馬,就太黯淡了。

唐琬和陸游從青梅竹馬走入婚姻,婚後因陸母的不斷反對等原因而分離。各自再婚後,某一年在沈園偶遇,分別在牆上題詞與和闋表達感傷。唐琬感傷,二十八歲便抑鬱而終。陸游也相當感傷,至八十五歲而終,那〈釵頭鳳〉裡的「錯、錯、錯,莫、莫、莫」什麼的,真是傷不起。

世間的好女子,都曾如剛剛盛放的青梅,籠了一彎如煙的眉眼,靈動著羞澀的情愫;怯怯的歡喜,隨著髮絲輕揚;揚眉的瞬間,冰清玉潔的意境被素墨清描。這世上每一位好女子啊,誰不想被善待、被厚愛、成為被捧在手心裡的寶呢?

曹操是懂得的,他有所為、有所不為。他對蔡文姬是既敬重又愛慕,才有了以重金贖回蔡文姬的舉動。但他沒有娶其為妻。

青梅,總是芳香如故的。它雋永深長地生長在自己的季節裡,溫暖了那不染紅塵阡陌的目光。

小滿時節話枇杷

「乳鴨池塘水淺深，熟梅天氣半晴陰。東園載酒西園醉，摘盡枇杷一樹金。」

伴著南宋詩人戴復古色調明麗的田園詩〈初夏遊張園〉，枇杷以黃澄澄的果實和著綠油油的葉子，飛揚在小滿時節。它的款款而至，宛若大珠小珠落玉盤，又彷彿隨同盧橘次第新，於輕煙深處，熟成一樹金黃。

枇杷不是琵琶？

枇杷與琵琶，是伴著笑話出場的。

最膾炙人口的，是明代小說家馮夢龍記錄在筆記小說《古今譚概》裡與明代萬曆年間袁太沖、莫廷韓、屠赤水三個好朋友有關的故事。這天，莫廷韓去拜訪袁太沖，正巧看見袁太沖客廳的桌子上放著一張禮帖，上面寫著「琵琶四斤」，實物卻是枇杷，二人相與大笑。這時屠赤水也來了，得知所以然後，也跟著大笑，並且吟道：「枇杷不是此琵琶。」沒等他繼續，袁太沖緊隨著往下接：「只為當年識字差。」莫廷韓也不甘示弱：「若使琵琶能結果，滿城簫管盡開花。」

就這樣，所謂「白字先生」被很有文化地嘲笑了一番。

◇ 夏

　　只是，笑過之後，竟覺有點心累，不知「白字先生」是送枇杷者，還是為送枇杷者寫字的人，總之，送枇杷者貌似沒有得到應有的感謝。

　　實際上，枇杷最早是被喚作琵琶的。琵琶本是游牧民族的樂器，秦時傳入中土。胡人常騎在馬上彈奏琵琶，在古代，敲、擊、彈、奏都稱為鼓，由此為「馬上所鼓也」。琵琶彈奏的手勢主要為批和把，批即往外推，向前彈出，把即向內收，往後挑起。因演奏特點，琵琶被稱為「批把」，東漢經學家劉熙將此記載於訓詁著作《釋名》中：「批把本出於胡中，馬上所鼓也。推手前曰批，引手卻曰把，象其鼓時，因以為名也。」又因為琴身是木質的，琵琶從木而作「枇杷」。

　　這個時期，人們把一種形似樂器「枇杷」的植物也稱為「枇杷」，枇杷的葉子是最像琵琶的，宋代醫藥學家寇宗奭說：「其葉形似琵琶，故名。」古代琵琶的琴身是圓形的，後來經過改進變成了梨形，都與枇杷橢圓形的果實相似。

　　到了漢代末年，樂器「枇杷」被改稱為「琵琶」，這也是為了與琴、瑟之類樂器字形、結構相統一，「枇杷」終於成了植物枇杷的專屬名字。兩個詞用於書面時不易混淆，相同的讀音偶爾還是容易造成誤會。

　　如此，再來看「枇杷不是此琵琶」，就不禁汗顏。有時候，人們以為成功地嘲笑了別人，其實被嘲笑的對象也許就

是自己。當然,還有一種可能,即「白字先生」確實不解古意,把枇杷錯寫成了琵琶。

枇杷和琵琶,便有了理不清、剪還亂的情愫,於嘈嘈切切錯雜彈時,牽引出喜歡品嚐枇杷的漢代女子王昭君。當年,她被選去與匈奴首領呼韓邪單于和親,登程北去的路上,黃沙翻滾,馬兒嘶鳴,她心緒難平,便在坐騎上撥動琵琶,奏起自己的悲傷。悽婉悅耳的琴聲,美豔動人的女子,使南飛的大雁忘記搧動翅膀,紛紛跌落下來,王昭君從此獲得「落雁」雅稱,與「沉魚」西施、「閉月」貂蟬、「羞花」楊玉環並稱中國古代四大美女。

昭君出塞的緣由,也作為一個更大的笑話,收錄在漢代學者劉歆著、東晉醫藥學家葛洪輯抄的古代歷史筆記小說集《西京雜記》中。當時,漢元帝因後宮女子眾多,懶得一一召見,就叫畫工畫人像,看畫像之美醜來決定召見與否。很多宮女賄賂畫工,以期被畫得漂亮而得到寵幸。王昭君卻不肯行賄,所以她的像被畫得最差。呼韓邪來求親時,漢元帝也按圖選了個「醜陋的」王昭君送去。直到呼韓邪攜王昭君辭行時,漢元帝才發現王昭君容顏靚、氣質佳,不覺追悔莫及,狠狠追究下來,把毛延壽、陳敞等畫工殺了。

「雖能殺畫工,於事竟何益?耳目所及尚如此,萬里安能制夷狄」,北宋政治家、文學家歐陽脩的〈明妃曲再和王

◇ 夏

介甫〉,尖銳地道出了這則笑話沉重而荒唐的本質。「千載琵琶作胡語,分明怨恨曲中論」,杜甫也將王昭君的悲憤,嘆在〈詠懷古蹟〉中。

王昭君出塞在外,是很難吃到枇杷了。

枇杷門＝煙花巷?

枇杷的模樣,是吉祥可愛的。

北宋醫藥學家蘇頌細緻地描繪過它:「木高丈餘,肥枝長葉,大如驢耳,背有黃毛,陰密婆娑可愛,四時不凋。盛冬開白花,至三四月成實作梂,生大如彈丸,熟時色如黃杏,微有毛,皮肉甚薄,核大如茅栗,黃褐色。」

樹形整齊、樹冠堅挺、枝葉繁茂、常年不凋,枇杷早已是富足的象徵,纍纍金果枝頭展芳華時,又令枇杷更顯貴氣。人們喜歡把它種植在庭院中。作為薔薇科枇杷屬常綠小喬木,枇杷可以美化環境、淨化空氣,果、葉、花、根等,還可以止咳化痰、和胃降氣、清熱解毒。

近代革命志士秋瑾的祖父秋嘉禾就善用枇杷。清代光緒年間,他兩度在福建雲霄任職,經常取當地盛產之枇杷的花、葉、根置於住地,供百姓煮水飲用,以治療感冒咳嗽、肺胃盛熱、口乾舌燥等症。他常說,這是世間自然之良藥,既能省錢又能治病。

小滿時節話枇杷

　　秋嘉禾是真懂枇杷。他知道要選擇形態和光澤度良好、沒有破損的枇杷葉洗淨並經過嚴格炮製才能使用，如雷斅所說：「凡採得，秤溼葉重一兩，乾者三葉重一兩，乃為氣足，堪用。粗布拭去毛，以甘草湯洗一遍，用綿再拭乾。每一兩以酥二錢半塗上，炙過用。」還如李時珍的補充：「治胃病以薑汁塗炙，治肺病以蜜水塗炙，乃良。」想來，現代一些枇杷糖漿之類製品，療效欠佳，也許就是因為炮製等方法沒有到位啊。

　　唐代詩人薛濤也懂得枇杷。出身官宦之家的她，因十四歲時父親病故，她和母親的生活陷入困境而不得已於十六歲加入樂籍，憑藉「容姿豔麗、通音律、善辯慧、工詩賦」，被出任劍南西川節度使的韋皋看中。二十歲時，她脫去樂籍，成為自由身，寓居於成都西郊浣花溪畔。從那時開始，她在院子裡種下枇杷，用枇杷花釀蜜、煮茶、製酒，將枇杷花蜜拿來美容護膚，把枇杷果當小吃，展開了詩酒人生。唐代詩人王建作詩〈寄蜀中薛濤校書〉稱讚她：「萬里橋邊女校書，枇杷花裡閉門居。掃眉才子知多少，管領春風總不如。」

　　女校書就是薛濤，當初，韋皋重視她的才華，擬奏請唐德宗授薛濤以祕書省校書郎官銜，校書郎的主要工作是撰寫公文和典校藏書，官階僅為從九品，門檻卻很高，只有進士出身的人才有資格擔當此職。唐代詩人白居易、王昌齡、李

◇ 夏

商隱、杜牧等都是從這個職位做起的,歷史上還從來沒有女子擔任過校書郎。格於舊例,韋皋的意願未能實現。薛濤又實際承擔了這個職位的工作,人們故稱之為「女校書」。

枇杷陪伴著薛濤,詩意地棲息了二十多年。四十二歲那年,在薛濤以為自己早已波瀾不驚的時候,碰到了出仕蜀地的三十一歲詩人元稹。這一碰,撞出了三個月波濤洶湧的戀情。之後,薛濤搬離了種滿枇杷的院子。

想那三個月,對那個作詩「曾經滄海難為水,除卻巫山不是雲」的元稹而言,也許只是一瓢水、一朵雲;而對薛濤就是一生。

可惜了那滿院的枇杷。因薛濤的枇杷院,有人把「枇杷門巷」喻為煙花女子居住地。不過,這種說法至今都用得很少。枇杷依然以白花、綠葉、金果之貌,獨顯高潔。

盧橘就是枇杷?

枇杷,也是有毒的。

它的毒,主要來自它的果核。

枇杷果實的核仁中,含有有毒成分苦杏仁苷,中毒的潛伏期一般為1至2小時,初期一般表現為口苦澀、流口水、頭暈、頭痛、噁心、嘔吐、心慌、四肢無力,繼而出現心跳加速、胸悶、呼吸急促、四肢末端麻痺,嚴重時呼吸困難、

四肢冰涼、昏迷驚厥,甚至出現尖叫,口中泛出苦杏仁味,最終意識喪失、瞳孔散大、牙關緊閉、全身陣發性痙攣,因呼吸麻痺或心跳停止而死亡。

所以,享用枇杷時,一定不要食用它的核仁。

當令人微醺的風吹來,適量吃些枇杷果肉,才是愜意的。

枇杷果肉富含果膠、纖維素、胡蘿蔔素、蘋果酸、檸檬酸、鉀、磷、鐵、鈣及維生素 A、B、C 等營養物質。細細剝開薄薄果皮,慢慢啜住柔柔果肉,任甘甜平和中帶著微酸的果汁緩緩滋養身心,神清氣爽的境界就達到了。而枇杷掛果量較少、產量較低,就算在時令季節,可供食用的也不多,更讓它彌足珍貴。

北宋文學家蘇軾也喜歡枇杷,他有不少詩還令枇杷與盧橘之間,變得「情深深,雨濛濛」,如「羅浮山下四時春,盧橘楊梅次第新」、「客來茶罷空無有,盧橘楊梅尚帶酸」,蘇軾把枇杷等同盧橘。後來一些書籍也跟著注釋:「枇杷又名盧橘。」

其實,枇杷是枇杷,盧橘是盧橘,中間不能畫上等號。李時珍說盧橘:「生時青盧色,黃熟則如金,故有金桔、盧橘之名。盧,黑色也。或云,盧,酒器之名,其形肖之故也。注文選者以枇杷為盧橘,誤矣。」他還借西漢文學家司

◇ 夏

馬相如在〈上林賦〉所說「盧橘夏熟，枇杷橪柿」做進一步解釋：「以二物並列，則非一物明矣。」幾樣東西並列陳述，可見不是一物也。

蘇軾一定是吃得快樂，也沒有去深究名字。那盧橘詩都是他貶居嶺南時寫的。作為樂天派，他進退自如，寵辱不驚，人生盡享開心顏。想當年，他連三國赤壁古戰場的詳細地址都懶得深究呢！那時他被貶官至黃州，某天來到黃州城外的赤壁（鼻）磯，被壯麗風景打動，不禁詠古懷今，豪邁揮就〈念奴嬌・赤壁懷古〉，說：「故壘西邊，人道是：三國周郎赤壁。」盡顯豪放派詞人風采。但真正尚存原貌的古戰場位於湖北省赤壁市，即長江中遊南岸，北依武漢，南臨湖南岳陽。後來人們都知道這是兩個不同的地方，都不去糾正，還把蘇軾詞中的赤壁，稱為東坡赤壁、黃州赤壁、文赤壁，把古戰場稱為三國赤壁、周瑜赤壁、武赤壁。

當然，蘇軾很有智慧，他可能也懷疑自己沒有弄清楚赤壁之戰的詳址，又不想擋住靈感的火花，於是，他特別在詞中寫了三個字「人道是」。人們傳說那是赤壁古戰場哦，若有不實，請別怪罪於個人。

說枇杷乃盧橘，或許蘇軾也用過「人道是」之類的話，只是可能沒有被記錄下來。而蘇軾又太令人喜愛，有人還這樣為他辯解，說他在嶺南那語言不通之地，聽到的是枇杷的

英文 Loquat，其讀音與盧橘有點相似，且枇杷和盧橘的果實同是金黃色，說枇杷乃盧橘也未嘗不可呀。

這才是一個非常荒謬的笑話呢。不知當時身處蠻荒之地的蘇軾在哪裡能夠聽到誰來講英文呢？

枇杷，也微微笑著，以滿樹繁碧之葉、滿枝黃金之果，搖曳在歲月的芬芳中。

芒種，餞花時節品「紅樓」

「東風染盡三千頃，折鷺飛來無處停。」

芒種時節，稻秧嫩綠，麥穗低頭，田野煥發勃然生機。

「芒」，指麥類等有芒植物的收穫；「種」，是穀黍類作物播種的節令。「芒種」諧音「忙種」，也稱為「忙種」，表明一切作物都在「忙著種」了。

在這樣一個天下稼穡的物候節令中，因為「餞花神」，而有了一番詩意；也因為一部鉅著，讓人們多了品讀和索隱，留下了探尋和牽掛。

芒種餞花

在古人眼中，花朝月夕，萬物皆有靈。

唐代和宋代以農曆二月十二為「花朝節」，宮廷和民間

◇ 夏

一道,賞紅、護花、迎花神。及至芒種,花期漸過,群芳搖落,古人視為花神退位,為花神舉行餞行儀式,感謝祂帶來的萬紫千紅,期盼祂明年春天再回。南朝經學家崔靈恩在《三禮義宗》中記載:「五月芒種為節者,言時可以種有芒之穀,故以芒種為名。芒種節舉行祭餞花神之會。」

清代文學家曹雪芹在《紅樓夢》中展現的「餞花神」格外絢美大氣:「尚古風俗:凡交芒種節的這日,都要設擺各色禮物,祭餞花神,言芒種一過,便是夏日了,眾花皆卸,花神退位,須要餞行。然閨中更興這件風俗,所以大觀園中之人都早起來了。

那些女孩子們,或用花瓣柳枝編成轎馬的,或用綾錦紗羅疊成杆旄旌幢的,都用綵線繫了。每一棵樹上、每一枝花上,都繫了這些物事。滿園裡繡帶飄搖,花枝招展,更兼這些人打扮得桃羞杏讓,燕妒鶯慚,一時也道不盡。」

作為芒種盛事,餞花的場面一般是充滿歡喜的。只是,與「花朝節」相比,「餞花神」還是容易讓人生出傷感,其中尤以黛玉葬花為盛。

林黛玉葬的是什麼花?在《紅樓夢》裡有過不止一回提及,應該是包括桃花在內的多種。但「芒種葬鳳仙」卻是曹雪芹特別著筆之處。第二十七回言:「(寶玉)因低頭看見許多鳳仙、石榴等各色落花,錦重重的落了一地……便把那

花兜了起來,登山渡水,過樹穿花,一直奔了那日同林黛玉葬桃花的去處來。」

鳳仙天然姿態優美、嫵媚悅人。因其頭翅尾足俱具,翹然如鳳狀,狀如飛禽,飄飄欲仙而得名。古人愛把鳳仙和鳳凰連繫在一起。唐代詩人吳仁壁〈鳳仙花〉中的「香紅嫩綠正開時,冷蝶飢蜂兩不知。此際最宜何處看,朝陽初上碧梧枝」,就是把鳳仙當作鳳凰化身,「碧梧枝」指的是梧桐樹枝,相傳鳳凰非梧桐樹不棲。

鳳仙花也叫指甲花,「爛漫只教兒女愛,指甲裝點錦成紋」。古代美人常用鳳仙花花瓣染指甲,把或紅或紫的鳳仙花花瓣輕輕研碎,任花汁沁出來,將花汁塗在指甲上,再用鳳仙的葉子包裹,以棉質細繩固定,數十分鐘或幾個小時,清亮光潤的指甲就形成了。這樣染上的指甲,顏色不易褪落,既好看又環保。

鳳仙還凜然不可侵犯。李時珍在《本草綱目》中說:「自夏初至秋盡,開謝相續。結實累然,大如櫻桃,其形微長,色如毛桃,生青熟黃,犯之即自裂。」成熟的鳳仙籽莢只要輕輕一碰就會裂開,彈射出很多花籽來,能「透骨軟堅,最能損齒,凡服者不可著齒也」,「庖人烹魚肉硬者,投數粒即易軟爛,是其驗也」。所以鳳仙的花語是「別碰我」。特別激烈的一個詞,卻說明了一個最基本的道理:對高貴優雅的精

◇ 夏

靈，哪能隨便觸碰？

鳳仙暗合了寶玉與黛玉的情愫與特質。「閨中女兒惜春暮，愁緒滿懷無釋處。手把花鋤出繡簾，忍踏落花來複去。」由是，「閬苑仙葩」林黛玉的〈葬花吟〉成為絕響，「美玉無瑕」賈寶玉是唯一聽眾。

曹公遺夢

曹雪芹對芒種的關注還遠不止於此。在《紅樓夢》中，除了黛玉葬花、寶釵撲蝶、湘雲醉酒、妙玉傳帖等經典情節都發生在芒種時節之外，寶玉的生日也與芒種有關。

二十四節氣中，曹雪芹為何對芒種情有獨鍾，為芒種著筆這麼多？這一切，恐怕與他的出生不無關係。一些紅學專家考證，曹雪芹同書中的賈寶玉一樣，也是芒種這天出生的。

儘管紅學界對曹雪芹的生卒年月和家庭背景存在爭議，但仍然有人堅定地認為，曹雪芹生於芒種節，卒於除夕。大家普遍認為他是清代康熙年間江寧織造曹寅之孫，家族三代豪門，至曹雪芹出生後已經沒落，家被抄，人被遣散，幾遭變故。曹雪芹從錦衣玉食的公子哥變成了「舉家食粥酒常賒」的貧困戶，受盡了人間白眼和冷遇。然而，苦難是作家的財富。對曹雪芹而言，他享過的福、受過的苦，最終成就了皇皇鉅著《紅樓夢》。而他本人，也化身為男主角賈寶

玉，永遠活在這部鉅著中，「千紅一哭，萬豔同悲」，三百年來，供人們感嘆、探究。

曹雪芹，初名曹霑，字夢阮，後自號雪芹。

夢阮是夢見阮籍的意思，阮籍是晉代「竹林七賢」中的老二。他幾度辭官，對權貴用白眼，對美好女性用青眼，玩的是風骨。唐代詩人王勃在〈滕王閣序〉中寫過這樣一句話，「阮籍猖狂，豈效窮途之哭」，藉此抒發了自己憂鬱不得志的心情。就是因為王勃的這一句詩，阮籍就成為了「猖狂」的代言人。相傳，司馬昭想跟他結兒女親家，他大醉六十餘天，瘋瘋度日，硬是把這樁親事拖黃了。《世說新語》載：「阮公鄰家婦，有美色，當壚酤酒。阮與王安豐常從婦飲酒，阮醉，便眠其婦側。夫始殊疑之，伺察，終無他意。」王安豐是「竹林七賢」年齡最小的王戎，因做過安豐縣侯，故名。這段話的意思是：阮籍鄰居家的女主人長得漂亮，是賣酒的。阮籍和王戎常到她那裡買酒喝，阮籍喝醉了，就睡在那位主婦身旁。她的丈夫起初懷疑阮籍，就探查他，發現他一直沒有其他意圖，於是徹底放心，沒脾氣了。還有一次，有一個未出嫁的美女去世，家裡突然來了一男子，撫棺大哭，哭畢揚長而去。而這男子，逝者父兄和在場的人都不認識，這個人就是阮籍。如此瘋瘋痴狂之人，像不像曹雪芹筆下的賈寶玉？曹雪芹字夢阮，是嚮往阮籍的精神氣質。

◇ 夏

「雪芹」兩個字,源自北宋文學家蘇軾的〈東坡八首〉其一:「泥芹有宿根,一寸嗟獨在。雪芽何時動,春鳩行可膾。」曹家從曹寅開始,就很喜歡蘇軾的詩,受蘇軾的影響很深。蘇軾是一個性格豁達的人,一遇苦難便心態超然。當年,因為「烏臺詩案」,他被貶到黃州,為了生計,他帶領家人在城東的一塊坡地開荒種地,「東坡居士」的別號便是他在那時取的。蘇軾變成了蘇東坡,也進入了藝術的井噴期,佳作如流水,層出不窮。蘇軾又是美食家,還好吃芹菜,常以「芹」自比,在〈東坡八首〉中注明過「芹」之食法:「蜀人貴芹芽膾,雜鳩肉為之。」曹雪芹也對美食頗有研究,《紅樓夢》中有大量關於食物的記載和飲食細節的描寫,他也偏愛一道「雪底芹菜」。曹雪芹懂蘇軾,深知黃州之貶是蘇軾藝術昇華的印記,像一個文化隱喻,讓他推人及己。

家道中落之後,他自號雪芹、芹溪、芹圃,寓意深遠。

蘇軾對身邊的幾位女性和風細雨的態度,包括對乳娘任採蓮、侍妾王朝雲等,也令曹雪芹心嚮往之。於是,便有了《紅樓夢》中賈寶玉對身邊女性的基本態度:女人是水做的,男人是泥做的,「見了女兒,我便清爽⋯⋯」對身邊的女子,賈寶玉有的只是欣賞和尊重。這也是曹雪芹對女性的態度。

脂硯添香

據說,鳳凰每五百年都要背負著累積於人世間的恩怨情仇,投身於集香木燃起的熊熊烈火中,以生命和美麗的終結換取人世間的祥和與幸福,在烈火中承受巨大痛苦和磨鍊後又以更美好的軀體得以重生,從此鮮美異常。

可惜賈寶玉和林黛玉做不了鳳凰,沒有重生的機會。他們的相戀,實在太過短暫,超凡脫俗卻讓人唏噓不已。這樣的悲情,令《紅樓夢》的故事更加深刻。如果離了寶黛之戀,那《紅樓夢》就沒了看頭。沒有愛情的小說是不完整的,而在曹雪芹身邊,也站著一個脂硯齋。

脂硯齋並沒有直接出現在《紅樓夢》中,他(她)只是作為一位批書人而存在。他(她)究竟是誰,跟曹雪芹是什麼關係,目前紅學界有妻子說、紅顏知己說、兄弟說,甚至叔伯說等多種,並沒有定論。但是,我寧願相信她是曹雪芹的妻子或紅顏知己,是那個紅袖添香的人。

《紅樓夢》開篇詩中就有「紅袖」兩字出現:「浮生著甚苦奔忙,盛席華宴終散場。悲喜千般如幻渺,古今一夢盡荒唐。漫言紅袖啼痕重,更有情痴抱恨長。字字看來都是血,十年辛苦不尋常。」這首詩十分契合「紅樓夢」的故事及曹雪芹的人生。榮國府發生的一切,就像一場盛席華宴,雖然絢爛華麗,卻終究要散場。偌大的家族,在腐朽之中轟然倒

◇ 夏

塌。這一切的悲歡喜怒，就像一場荒唐的夢，夢醒時分，一切不復存在。曹雪芹十年辛苦所寫的《紅樓夢》，凝聚著一生血淚。甲戌本第一回一條脂批：「今而後唯願造化主再出一芹一脂，是書何幸。余二人亦大快遂心於九泉矣。」「一芹一脂」並稱，印證了脂硯齋與曹雪芹的關係，「余二人」、「遂心於九泉」，也說明他們極有可能是夫妻或紅顏知己。「都云作者痴，誰解其中味」，箇中滋味，恐怕只有他們才能夠真正懂得。

　　脂硯齋與曹雪芹擁有的共同生活經歷，可以從《紅樓夢》的多處「脂評」中看出。如第八回：「作者今尚記金魁星之事乎？撫今追昔，腸斷心摧。」第四十一回：「尚記丁巳春日，謝園送茶乎？展眼二十年矣！」第六十三回：「此語余亦親聞者，非編有也。」第七十七回：「況此亦此（是）余舊日目睹親聞，作者身歷之現成文字。」等等。這些透過「脂批」方式進行的說明，還可以看出，脂硯齋與曹雪芹有著十分密切的關係，熟知曹雪芹的創作意圖和相關隱喻，在《紅樓夢》對「芒種餞花神」的那一段描述中，脂硯齋也做了多處批注，其中對「更兼這些人打扮得桃羞杏讓，燕妒鶯慚，一時也道不盡」一句的批注是：「桃、杏、燕、鶯是這樣用法。」這樣的肯定方式，不是關係親近、了解透澈的人，是寫不出來的。脂硯齋對林黛玉〈葬花吟〉的批注是：

「〈葬花吟〉是大觀園諸豔之歸源小引,故用在餞花日諸豔畢集之期。」也就是說,出現在芒種之日的〈葬花吟〉是「萬豔同悲,千紅一哭」的開始。

因為「脂硯添香」,曹雪芹的「紅樓殘夢」有了更多的懸念,添了更多的韻味。這也像鳳仙花,在那樣的餞花時節,以一種透骨的香,行過靜謐幽寂的街巷,越過風霜沉積的高樓,穿過一個個安寧恬淡的夜和萬千歲月,在舊事、殘夢、離愁、迷途和萬里山河中,解讀世俗,找尋來路。

夏至,那些與吃喝相關的故事

夏至,是一年裡太陽最偏北的一天,是太陽北行的極致,北半球日照時間最長的一天。民間有「吃過夏至麵,一天短一線」的說法,夏至一過,北半球的白天就逐漸變短。故又有「夏至一陰生」之說。

古人夏至日舉行祭祀活動,《史記‧封禪書》記載:「夏至日,祭地,皆用樂舞。」宋朝從這天起,為百官放假三天,足見人們對夏至的重視。華人是崇尚吃的民族,夏至日也不例外,北京吃麵、無錫吃餛飩、嶺南吃荔枝,還有的地方喝粥、吃苦瓜等,各有特色。由此,也留下了不少這個時節與吃喝相關的典故。

◇ 夏

杯弓蛇影,「喝」出來的心病

杯弓蛇影,在夏至的光影中閃爍著,為夏至平添了幾分趣味。

關於這個成語的出處,多數引用了《樂廣傳》的記載:樂廣字彥輔,遷河南尹,嘗有親客,久闊不復來,廣問其故,答曰:「前在坐,蒙賜酒,方欲飲,見杯中有蛇,意甚惡之,既飲而疾。」於時河南聽事壁上有角,漆畫作蛇。廣意杯中蛇即角影也。復置酒於前處,謂客曰:「酒中復有所見不?」答曰:「所見如初。」廣乃告其所以,客豁然意解,沉痾頓愈。

《樂廣傳》出自中國二十四史中的《晉書》,是唐代政治家房玄齡等人所著的紀傳體晉代史。而早在幾百年前,「杯弓蛇影」這個典故就已經被東漢學者應劭記錄在案,而且還是夏至這天發生的。

應劭的《風俗通義·怪神·世間多有見怪驚怖以自傷者》記載:

予之祖父郴為汲(今河南衛輝市)令,以夏至日請見主簿杜宣,賜酒。時北壁上有懸赤弩,照於杯中,其形如蛇。宣畏惡之,然不敢不飲,其日便得胸腹痛切,妨損飲食,大用羸露,攻治萬端,不為癒。後郴因事過至宣家,窺視,問其變故,云畏此蛇,蛇入腹中。郴還聽事,思唯良久,顧見

懸弩,必是也。則使門下史將鈴下侍徐扶輦載宣於故處設酒,杯中故復有蛇,因謂宣:「此壁上弩影耳,非有他怪。」宣意遂解,甚夷懌,由是瘳平。

應劭(約西元 151 ～ 203 年)比房玄齡(西元 579 ～ 648 年)早生了四百多年,《風俗通義》是應劭當泰山太守時所作,為漢代民俗著作,記載了大量神話異聞,對於杯弓蛇影這個故事的時間、地點、人物,記得更為清楚。因此,倘要溯源,這才是真正的源頭。

而故事的發生是否跟夏至有必然的關連,我們也可以做相對的分析。夏至日,太陽移到最偏北的位置,一些平時照不到的地方,這天可以照到。事發地點大約位於現在的河南省,緯度大約是 35.4 度,夏至日的太陽是從東北方升起,至西北方降落。正午時分,太陽在正南位置,如果是中午請喝酒,因「赤弩」位於北壁,太陽光透過南面的窗戶或屋頂的亮瓦之類正好可以照見北壁。若杜宣面北而坐,赤弩倒影在杯中是完全可能的。

當然,或許那則故事只是恰巧發生在夏至日,與夏至光影變化並無必然關連,否則,復請喝酒時「杯中故復有蛇」,得到第二年的夏至才行,兩次之間的間隔時間相對比較長。不過,也是有可能的,古人的生活原本就是慢悠悠的。

◇ 夏

而不管怎樣，杯弓蛇影或弓影杯蛇，成為了「喝」出心病的典型事件，後指因錯覺而產生疑懼，為疑神疑鬼、妄自驚憂之喻。

半夏鷓鴣，有毒也有解

夏至過後，山坡上，溪河邊，陰溼的草叢或樹下，半夏靜悄悄、俏生生地長起來了。

「五月半夏生，蓋當夏之半，故名。」這個五月是指農曆。夏至一陰生，天地間不再是純陽之氣，夏天過半，故名半夏。半夏的葉子一年生時為卵狀心形的單葉，兩至三年後為三小葉的複葉，又叫三葉半夏、三葉老。在中國現存最早的藥物學專著《神農本草經》中，半夏還被叫做守田、水玉，「守田會意，水玉因形」，描述樸實生動而富有詩意。

夏至時節的半夏，是最讓鷓鴣喜歡的。那嫩嫩的半夏苗，是鷓鴣的美食。鷓鴣是南方的一種鳥，形似雞而比雞小，長相耀眼。在自然界的食物鏈中，鷓鴣又是一些人喜歡吃的。唐代醫藥學家孔志約說：「鷓鴣生江南，形似母雞。」李時珍在《本草綱目》中記載：「南人專以炙食充庖，云肉白而脆，味勝雞、雉。」福建諺語也說：「山食鷓鴣獐，海食馬鮫鯧。」

鷓鴣吃半夏，有些人吃鷓鴣，但半夏有毒。作為《神農本草經》的「下品」，性味辛、平的半夏，只有經過專業炮製

後，才可用於除寒熱邪氣、破積聚、愈疾。半夏的中毒症狀為口舌咽喉癢痛麻木、聲音嘶啞、言語不清、流涎胸悶、噁心嘔吐、味覺消失、腹痛腹瀉等，嚴重者可出現喉頭痙攣、呼吸困難、四肢麻痺、血壓下降、肝腎功能損害等，最後可能因為呼吸中樞麻痺而死亡。

宋代筆記小說總集《類說》講述了這樣一個故事：

> 楊立之通判廣州，歸楚州。因多食鷓鴣，遂病咽喉間生癰，潰而膿血不止，寢食俱廢。醫者束手。適楊吉老赴郡，邀診之，曰：但先啖生薑一斤，乃可投藥。初食覺甘香，至半斤覺稍寬，盡一斤，始覺辛辣，粥食入口，了無滯礙。此鳥好啖半夏，久而毒發耳，故以薑制之也。

故事讓我們明白，鷓鴣不畏半夏之毒，但人食半夏會中毒，哪怕只是食用了體內含半夏的鷓鴣都會中毒。解半夏之毒，可以用生薑。

在華人的食譜中，生薑是不可或缺的食材，但它能解毒，知道的人卻並不多。在烹製鷓鴣時多放些生薑，確實可以防止食後中毒。當然，從保護環境、愛護鳥類的角度，現在已經不主張食用鷓鴣。實際上大多數古人一般也不捨得吃鷓鴣。在他們眼中，鷓鴣是一種有靈性的動物，是情思的寄託。看看北宋文學家蘇軾的「沙上不聞鴻雁信，竹間時聽鷓鴣啼。此情唯有落花知」，南宋詩人辛棄疾的「江晚正愁

◇ 夏

餘，山深聞鷓鴣」，北宋詩人秦觀的「江南遠，人何處，鷓鴣啼破春愁」，就知道鷓鴣成了離家遊子一種哀怨的象徵。

生薑的解毒功效，帶給人們許多警示。而在夏天適當地多吃點生薑，更是好處多多。生薑健脾開胃、提神消暑等作用，可緩解炎熱時節出現的疲勞、乏力、厭食、失眠、腹脹、腹痛等症狀。「冬吃蘿蔔夏吃薑」是很有道理的。

據記載，「嘗百草、創醫學」的神農炎帝也曾受益於生薑，「生薑」還是他發現並命名的。那日，神農氏在山上採藥，誤食了一種毒蘑菇，頭暈目眩，肚子痛得像刀割，很快暈倒在一棵樹下。不久，他卻奇蹟般地甦醒過來，發現自己躺下的地方有一叢葉子尖尖的青草，香氣濃郁，他細細地聞了聞，感覺身體舒服了些。他明白，是這青草的氣味使自己甦醒的，便順手拔了一兜，連葉帶根全放進嘴裡嚼，味道香辣清涼。過了一會兒，他腹瀉了一次，身體就全好了。他想，這青草真是神奇，能夠起死回生啊！要為它取個好名字，想到自己姓姜，神農氏就把這尖葉青草取名為「生薑」。

生薑，始終這樣充滿著蓬勃的生氣。生薑和半夏，作為自然界中植物相生相剋的代表，讓人們發出奇妙感嘆的同時，更深獲啟迪。

木槿,朝開暮落的美食之花

《禮記》曰:「夏至到,鹿角解,蟬始鳴,半夏生,木槿榮。」木槿,以芬榮、繁茂之姿,應時綻放。

木槿,即「蕣」,讀作「舜」音。「舜」表「短時間」之意,「艹」與「舜」連成一字,表示「短時間開放的花」。木槿這個名字,來源於它的生長特性,如西晉文學家潘尼描繪的一樣:「其物向晨而結,建明而布,見陽而盛,終日而殞。」蕣,「猶僅榮一瞬之義也」。

蕣的意思,與中國古代帝王舜也有關。當年,舜由帝王堯禪位而登極,後又禪位給大禹,在位僅一世。東漢末年學者鄭玄在《易緯乾坤鑿度》卷下注云:「其人為天子,一世耳,若堯、舜者。」

因此,木槿還叫「蕣」、「朝開暮落花」、「日及」。

木槿常常被一些文人墨客用來表達感傷,如晉代詩人蘇彥作〈舜華詩序〉曰:「其為花也,色甚鮮麗,迎晨而榮,日中則衰,至夕則零。莊周載朝菌不知晦朔,況此朝不及夕者乎!苟映採於一朝,耀穎於當時,焉識夭壽之所在哉。余既玩其葩,而嘆其榮不終日。」唐代詩人李白云:「園花笑芳年,池草豔春色。猶不如槿花,嬋娟玉階側。芬榮何夭促,零落在瞬息。豈若瓊樹枝,終歲長翕赩。」

◇ 夏

　　最早出現木槿之美的《詩經‧鄭風‧有女同車》中，那以男子的語氣，盛讚女子「顏如蕣華」的句子，也被感傷者解釋成女子美貌短暫、蕣顏易逝之意。其實，〈有女同車〉只是一首單純的迎親戀歌，「有位姑娘和我在一輛車上，臉蛋好像木槿花開放」，男子與心愛的女子同車而行，感覺無比甜蜜。女子容貌的美麗和品德的美好，都讓男子無比歡喜，「洵美且都」、「德音不忘」。這樣的時候，哪裡會有韶華短暫之嘆呢？完全是「細看諸處好」，摹形傳神。

　　還是南宋詩人楊萬里的〈道旁槿籬〉說得好：「夾路疏籬錦作堆，朝開暮落復朝開。抽心粗籹輕拖糝，近蒂胭脂釅抹腮。占破半年猶道少，何曾一日不芳來。花中卻是渠長命，換舊添新底用催。」這才是道出了木槿的本質。木槿的朝榮暮謝，只是就單朵花而言，木槿有至少三個月的花期，一朵花謝了，另一朵花又榮，亦如「子子孫孫無窮匱」之象啊！木槿，以粉紅、粉紫、粉白等各色，此起彼伏地美在火熱的夏天裡。

　　更有價值的是，木槿的花、葉、果、皮、根均可入藥，內服可以治療反胃吐食、腸風瀉痢，外敷可以治療疥癬腫痛。那木槿花，還富含蛋白質、粗纖維、維生素 C、胺基酸、鐵、鈣、鋅等營養物質，非常適合作食蔬茶飲，乾焗、油炸、煲湯、煮粥、泡茶，都清脆滑爽、細膩芬芳。

於是,當暖暖的夏風吹過,房前屋後常常可以看到採摘木槿花的身影。人影與粉色花朵相映著,生出一幅幅絢爛的圖畫,陶醉了一顆顆愛美的心。

小暑品蓮

小暑是農曆二十四節氣的第十一個,也是夏天的第五個節氣。小暑一過,炎炎夏日就正式到來了。

「攜杖來追柳外涼,畫橋南畔倚胡床。月明船笛參差起,風定池蓮自在香。」透過北宋文學家秦觀的〈納涼〉,蓮,也在小暑的溫情中,姍姍而來。

蓮之憐

「江南可採蓮,蓮葉何田田。魚戲蓮葉間。魚戲蓮葉東,魚戲蓮葉西,魚戲蓮葉南,魚戲蓮葉北。」

真是喜歡漢樂府裡的這首〈江南〉,蓮葉田田、魚兒歡歡,靈動、輕快的氣息一下子撲上面頰,笑容也燦然而出,染著漫溢的蓮香,和著「東」、「西」、「南」、「北」的小魚和蓮葉,恣肆奔騰。

這是一首採蓮情歌,採用民間情歌常用的比興、雙關等手法,以「蓮」諧「憐」,暗喻青年男女相互愛戀的歡樂情

◇ 夏

景。那些有趣的句子中,沒有一個字寫到人,但相愛著的採蓮的人群呀,早就融進了魚兒戲水蓮葉間的畫面裡。

憐是形聲字,在古代表示可愛的意思。蓮即荷,荷在西周時期就從湖畔沼澤的野生狀態走進了人們的田間池塘。春秋時期,荷花的各部分被分別定了專名,中國最早的詞典《爾雅》記載得很清楚:「荷,芙蕖。其莖茄,其葉蕸,其本蔤,其華菡萏,其實蓮,其根藕,其中菂,菂中薏。」三國吳學者陸璣《毛詩草木鳥獸蟲魚疏》也解釋道:「其莖為荷。其花未發為菡萏,已發為芙蕖。其實蓮,蓮之皮青裡白。其子菂,菂之殼青肉白。菂內青心二三分,為苦薏也。」現代人的稱呼就簡單多了,直接稱蓮(荷)花、蓮(荷)葉、蓮子、蓮子心、蓮藕等。

漢朝是中國農業空前發展的時期,蓮也受到重視,並在樂府歌辭逐漸盛行的西漢被廣泛吟唱。樂府是在秦代就已經設立用以管理音樂的官府機構,樂即音樂,府即官府。漢武帝劉徹讓樂府成為專設的官署,職能擴大,不僅掌管郊祀、巡行、朝會、宴饗時的音樂,還兼管採集民間歌謠,採蓮曲之類就是被漢樂府收集得較多的民謠,歌舞者著紅衣、繫羅裙、乘蓮船、執蓮花,趣味盎然。

蓮,也瀲灩在漢武帝對李夫人的憐愛中(秦漢時期帝王嬪妃稱夫人)。當年,出身倡家、容貌靚麗、能歌善舞的李

夫人經時任內廷音律侍奉的哥哥李延年舉薦後很快受寵，採蓮曲之類的愛情歌曲，成為她和漢武帝經常歡唱的曲目。

漢武帝是真心寵愛李夫人的，以至於李夫人染疾故去後，悲痛不已，神情恍惚，終日不理朝政，幸得方士李少翁設壇作法，才慢慢恢復平靜。李少翁用棉帛裁成李夫人的人形，取蓮之花紅、葉綠、藕白各色塗於其上，在手足處裝上可活動的木桿，將其像設紗帳裡，於燈燭下投影於帳帷之上，李夫人嫋娜的身影便在帷幕後面徐徐舞動起來。漢武帝觀後淚如雨下，嘆道：「是邪，非邪？立而望之，偏何姍姍其來遲。」真是「張燈作戲調翻新，顧影徘徊知逼真；環珮姍姍蓮步穩，帳前活見李夫人。」這也是皮影戲的由來。

李夫人對蓮也情有獨鍾，當漢武帝去探望病中的她時，她始終以蓮花或蓮葉掩面，不願顯露面目，並悲戚地說：「妾久寢病，形貌毀壞，不可以見帝。願以王及兄弟為託。」她的姐姐私下詢問原因，她的回答冷靜理智：「夫以色事人者，色衰而愛弛，愛弛則恩絕。……今見我毀壞，顏色非故，必畏惡吐棄我，意尚肯復追思閔錄其兄弟哉！」對皇帝心思揣摩得一清二楚，對自身價值心知肚明，李夫人以美貌為賭注，為自家兄弟贏得了好前程。

再來看李延年在漢武帝面前舉薦時的歌賦，我們不禁感慨萬千：「北方有佳人，絕世而獨立；一顧傾人城，再顧傾

◇ 夏

人國;寧不知傾城與傾國,佳人難再得。」皇宮深如海,憐愛知多少。

還是喜歡〈江南〉裡魚蓮依偎的純真,以及南朝樂府民歌裡〈西洲曲〉的深摯:「採蓮南塘秋,蓮花過人頭。低頭弄蓮子,蓮子清如水。」唯有滿滿的純淨與香甜,才是愛的味道。

蓮之愛

「出淤泥而不染,濯清漣而不妖。」蓮,在北宋哲學家周敦頤〈愛蓮說〉中,成為「君子之花」。

它確實擔得起這個雅稱。它,乾淨天真,身出汙泥,依然纖塵不染;它,表裡如一,外表挺直,內裡通透;它,傲然不群,不牽扯攀附,無媚顏醜態,絕不能輕慢玩弄。

周敦頤深愛蓮。據記載,他五十五歲在原江西九江星子縣任南康知軍時,還特意在軍衙東側開挖了一口池塘,全部種植了蓮。閒暇時,他常於池畔賞蓮,並寫下了膾炙人口的散文〈愛蓮說〉。一年後,周敦頤抱病辭官而去,在江西廬山西北麓築堂定居講學。他留下的蓮池和〈愛蓮說〉,一直為後來者珍視,其中就有南宋理學家朱熹。

朱熹在淳熙六年(西元 1179 年)調任南康知軍。和周敦頤做著同樣的官職,朱熹對周敦頤的仰慕之情更加濃烈,他

重修了愛蓮池,建立了愛蓮堂,並從周敦頤曾孫周直卿那裡得到〈愛蓮說〉的墨跡,請人刻於石上,立在池邊。朱熹還作詩抒發情感:「聞道移根玉井旁,花開十里不尋常。月明露冷無人見,獨為先生引興長。」

其實,關於〈愛蓮說〉的來歷,史料上還有另外一些說法。

周敦頤出生於北宋天禧元年(西元1017年),是道州營道樓田堡(今湖南省道縣)人,少年喪父,隨母投靠衡州(今湖南衡陽)的舅父、龍圖閣學士鄭向。因聰慧仁孝,周敦頤深得鄭向喜愛。見周敦頤喜蓮,鄭向就在自家宅前西湖鳳凰山下(今衡陽市)構亭植蓮。周敦頤參經悟道,在衡陽度過了十七年的時光,其間,寫下了119字的〈愛蓮說〉,借物言志,以蓮自喻,被世代傳頌。周敦頤在衡陽留下了西湖書院、濂溪祠、愛蓮池、愛蓮堂等多處遺跡。

此外,還有「邵陽〈愛蓮說〉」、「贛州〈愛蓮說〉」等記載,這些地方都建有愛蓮池,都說是周敦頤所建及〈愛蓮說〉的原創地,由此,引發出「愛蓮池原址在何方、〈愛蓮說〉原創地在何處」的爭議。不過,就算有爭議,又有什麼關係呢?後人敬重的並不是哪一池的蓮,而是池中蓮之風骨、周公及歷代雅士愛蓮的情懷。

元代畫家、詩人王冕也是〈愛蓮說〉的珍視者,他愛蓮

◇ 夏

的方式與周敦頤、朱熹不同，他用蓮畫的形式表達。王冕從小就酷愛學習，因家庭貧困，只得白天替人放牛，晚上自學。有一天，王冕在湖邊放牛，恰逢雨過天晴，他看到湖裡的蓮被雨水沖洗過後，顯得格外清雅從容，又想到〈愛蓮說〉，喜愛之情難以抑制，就用小木棍在泥地上畫起蓮來。這一畫，讓他對蓮的愛再未停止。他開始用僅有的一點零用錢買了紙和筆來畫蓮。因為神形兼備，他的蓮畫深得人心，被越來越多的人購買。王冕聲名漸漸遠播，也不用再替人放牛，還能用賣畫得來的錢孝敬父母了。

成名後的王冕越發理解了蓮的內涵，獨善其身，也不願意沾染宦海汙濁，連明太祖朱元璋「以兵請為官」，他都「以出家相拒」。清代小說家吳敬梓欣賞王冕，特地以他為原型，塑造成正面形象放入自己創作的長篇小說《儒林外史》第一回中。

這就是愛蓮的人們呀，如同一股清流，伴著蓮之馨香，雋永在人們的記憶中。

蓮之用

蓮的光芒，恆久地閃爍著「唯愛與美食不可辜負」九個大字。

它的好看、可愛，自不必說，它的好吃、好用，更讓愛吃的人們有了好勞動的手和愛澎湃的心。

人們很早就把蓮作為食物了,先秦古籍《周書》就有「藪澤已竭,既蓮掘藕」的記載。李時珍對蓮藕的細緻描述,更讓人口生唾液、心生歡樂:「夫藕生於卑汙,而潔白自若。質柔而穿堅,居下而有節。孔竅玲瓏,絲綸內隱。生於嫩蒻,而發為莖、葉、花、實,又復生芽,以續生生之脈。四時可食,令人心歡。」

好吃的,不僅是蓮藕,還有蓮子、蓮子心等,生吃、熟食,清炒、煎煮,熬粥、泡茶,加糖品、調醋嚐、放鹽用,做主食、為佐食、當配料等等,太多的方式可以享受蓮的美味了。蓮也大方地分享著美好,還以蓮藕的散血生肌解毒、蓮子的補中養神益氣、蓮子心的清心去熱、蓮花的駐顏益色、蓮葉的止渴除煩、蓮蓬的止血消瘡等功能,讓人們的身心得到保健或治療。

蓮藕是被古人用得比較多的。把它用得最巧妙的,要數三國時期醫藥學家華佗。他製成了以藕皮為主要原料的膏藥,把藕皮膏連同也是他發明的麻醉劑 —— 麻沸散一起,用在外科手術中。南朝宋時期史學家、文學家范曄的《後漢書·方術列傳》記載過華佗施行手術之情況:「若疾發結於內,針藥所不能及者,乃令先以酒服麻沸散,既醉無所覺,因刳破腹背,抽割積聚。」手術完成縫合傷口後,華佗再塗敷以藕皮膏,四、五天後便可癒合。

◇ 夏

蓮藕的節也被妙用,那妙招還是宋孝宗患病時,他的養父宋高宗偶然訪到的小藥鋪裡用到的,宋代學者趙溍的《養痾漫筆》記錄下了這個故事:

宋孝宗患痢,眾醫不效。高宗偶見一小藥肆,召而問之。其人問得病之由,乃食湖蟹所致。遂診脈,曰:此冷痢也。乃用新採藕節搗爛,熱酒調下,數服即愈。高宗大喜,就以搗藥金杵臼賜之,人遂稱金杵臼。嚴防禦家,可謂不世之遇也。

所以,蓮,怎麼不叫人歡喜呢?連它的氣息都對身心有利。

當年,華佗還創立了五禽戲,這是一套透過模仿虎、鹿、熊、猿、鳥的動作、達到健身目的的體操。他主張練五禽戲時,一定不能在空氣汙濁之處,以免身體被濁氣侵襲,最好在蓮塘邊練習,以便「伴蓮之清氣,助養精氣神」。他的弟子吳普,按照他的要求,勤練五禽戲,活到了九十多歲,且「耳目聰明,齒牙完堅」。

流連蓮池邊,真是妙曼光華。瞧,正歡樂著呢,突然飄來一陣噼啪雨聲,便順手摘下一片蓮葉,擋在髮前,一陣風似的,跑回了家。

那就是傳說中像風一樣的女子啊。

炎炎暑日，看古人如何以冰消暑

「冷在三九，熱在中伏。」一年中最熱的大暑時節到了。

大暑正值三伏天裡的中伏。古籍中說：「大者，乃炎熱之極也。」足見大暑的炎熱程度。那麼，在炎熱而沒有冷氣的古代，人們用什麼辦法來消暑呢？

除了扇子，也有今人常用的冰。這讓人不得不佩服古人的智慧。

冰開始的地方

冰，很早就被人們用來消暑納涼了。

商周時期，人們便開始利用天然冰來製冷。周王室為保證夏天有冰塊用，成立了相應的機構管理「冰政」，專門負責「掌冰」，負責人被稱為「凌人」。《周禮》載：「凌人，掌冰，正歲十有二月，令斬冰，三其凌。」《禮記》也說：「季冬之月，冰方盛，水澤腹堅，命取冰。」周以後的各個王朝，都設有專門的官吏管理冰政。

每年寒冬臘月，凌人會命人到水質好的江湖面上鑿採冰塊，這時的冰塊最堅硬，不易融化，方便採用和搬運。採好的冰會被儲藏到預先準備好的地下冰窖裡，《詩經·豳風·七月》「二之日鑿冰沖沖，三之日納於凌陰」中的「凌陰」就

◇夏

是山陰處的藏冰地窖,「二之日」、「三之日」是周曆的二月之日和三月之日,即夏曆十二月和一月,周曆的「一之日」一月之日即夏曆的十一月。地下冰窖內鋪滿了乾淨稻草和蘆蓆,設置了專門搬運冰塊的冰板,待冰到了窖口,冰板一頭支在窖口,一頭支在窖底,形成一個斜面,讓冰塊滑下去,再由窖裡的人整齊擺放整齊,在冰上覆蓋稻糠、樹葉等隔熱材料,最後將整個冰窖密封,等來年使用。由於保存環境和方法的限制,最終都免不了會有約三分之二的冰在使用前已經融化。因此古人常常將藏冰量提高到所需使用冰量的至少三倍,以滿足宮廷需求。冰窖也慢慢增多,到了清代,北方的官方冰窖有20餘座,存冰量大概有20萬塊以上,北京的冰窖口胡同、西安的冰窖巷就得名於此。

由於夏日用冰量大,官方藏冰常常不足,因此出現了私家藏冰的「冰商」。據宋人所作《迷樓記》記載,宮中「自茲諸院美人,各市冰為盤,以望(隋煬帝)行幸。京師冰為之踴貴,藏冰之家皆獲千金」。這說明隋代就能在市場上買到冰。到了清代,《大清會典》明文規定:各級官府「如藏冰不敷用,從市採買」。

清代的冰窖分為官窖、府窖和民窖三種,民窖由商民設立,專門用於商業經營。

有了冰之後,古人的夏天就涼爽起來,他們把冰塊放

炎炎暑日，看古人如何以冰消暑

在盛冰的容器冰鑑裡。《周禮》中有在冰鑑中保存冰塊的紀錄。冰鑑最先是陶製的，後有木製的，春秋中期以後流行青銅鑑，大口小底，底部有直徑很小的排水口，可在冰融化後直接排出冷水。

冰鑑可以散發冷氣，還可以保存食品，將盛滿飲料或食物的器皿放進去，四周圍滿冰塊，合上蓋子，「冷飲」就可製成。《楚辭》中記錄的「挫糟凍飲，酎清涼些」、「清馨凍飲」，都展示了夏天飲冰鎮酒水的舒適和快樂。

進入漢代，古人用冰就更講究了。漢代皇宮設有夏季用房「清涼殿」，殿內有多重降溫裝置，以石頭為床，用玉晶盤盛裝冰塊，僕人站在一旁對著扇竹扇。清涼殿內清涼無比，漢武帝劉徹常常帶著自己寵幸的嬪妃宦臣「臥延清之室」，吟唱辭賦歌謠，品嚐果品佳餚，不亦樂乎。

唐、宋以後，清涼殿之類的「冷氣房」越建越高級，殿內除了放冰塊，還放有扇車，借水的作用轉動扇葉，扇帶涼水吹更涼。

宋代還注重空氣淨化，在廳堂裡擺幾百盆鮮花，例如梔子花、茉莉花、康乃馨、百合花等等，再「鼓以風輪」，既涼快，又「清芬滿殿」，宋代的「冷氣」設備已在民間普及。

這次第，怎一個涼字了得。冰開始的地方，也是夢開始的地方。

◇ 夏

冰有趣的時候

冰，還被古人用出趣味。

有用冰來裝病的。據《左傳》記載，西元前 552 年，楚國的令尹（即主持國事的大臣）子庚去世，楚國國君楚康王指派楚國士大夫蔿（ㄨㄟˇ）子馮繼任。蔿子馮徵求好友申叔豫意見，申叔豫說：「朝廷內寵臣很多，君王年輕弱勢，治理國家的難度很大啊。」於是蔿子馮決定用裝病來推辭。當時正值盛夏暑天，蔿子馮在家中床下挖了個地窖，放上冰，再用大量冷水澆身，把自己弄成重感冒，然後身穿厚棉衣，外加皮外套，躺在床上好幾天不吃東西。楚康王派御醫前往診視，御醫視畢向楚康王報告說，蔿子馮「瘦弱到了極點」。楚康王無奈，只好改任子南為令尹。

真是令現代人啼笑皆非。蔿子馮也堪稱「開冷氣蓋棉被」的古代先驅。只是，我們始終不明白，裝病的方式有很多種，為什麼要躺冰塊上呢？花費的成本太大了。要知道，唐代以前，冰塊非常珍貴，不僅數量有限，還價格昂貴，到了「長安冰雪至夏日則價等金璧」的地步，大臣在蒙皇帝賞賜冰塊時都會深感為榮，如唐代詩人白居易某日得到幾塊小冰的賞賜，就高興得很，還記錄下來：「聖旨賜臣等冰者，伏以頒冰之儀，朝廷盛典，以其非常之物，用表特異之恩。」所以，對楚國士大夫蔿子馮，我們只好感嘆一聲：真是有錢人。

也有因食用冰而生病以及以冰治病的。《古今醫案按》介紹，宋徽宗趙佶在某年夏天，「食冰太過，病脾疾」，御醫按照常規治療方法，讓他服用大理中丸，但服用多日，均不見效果。宋徽宗寢食難安，後來聽說民間醫生楊介醫術高明，便召楊介為他診療。楊介查明病因，仍使用大理中丸，只是改用以冰煎服，宋徽宗服後立刻痊癒了。

甘、冷、無毒的冰真如李時珍所說：「冰者，太陰之精，水極似土，變柔為剛，所謂物極反兼化也。」冰可以去熱煩、解煩渴、消暑毒，「傷寒陽毒，熱盛昏迷者，以冰一塊置於膻中，良。亦解燒酒毒」。楊介的治法算是「從因治病」，妙手仁心。

當時，宋徽宗和楊介的對話也簡單有趣：「介用大理中丸。上曰：服之屢矣。介曰：病因食冰，臣因以冰煎此藥，是治受病之原也。」還好，宋徽宗遵了醫囑。

也難怪宋徽宗生病，都是吃冰惹的禍。宋代的物質文明已經越發豐富，那冰製食品簡直不要太好吃，「冰糖冰雪冰元子」、「冰雪甘草湯」、「冰雪涼水荔枝膏」、「冰鎮酸梅湯」、「雪泡豆兒水」、「雪泡梅花酒」等，光聽名字，心裡就舒坦，怎麼不想讓它們「一步到胃」呢？南宋詩人楊萬里早用〈荔枝歌〉道出了這份心花怒放：「賣冰一聲隔水來，行人未吃心眼開。甘霜甜雪如壓蔗，年年窨子南山下。」元代的商人

◇ 夏

又在冰中加上果漿和牛奶,開創了冰淇淋的先河。市場中還出現了「冰鮮」,人們把打撈上來的海產品,透過冰的冷凍後,運輸得更遠、保存得更久,生活水準在慢慢提高。

市場日漸繁華,笑料卻時有發生。唐末五代學者王定保撰寫的《唐摭言》裡就講了這麼個笑話:「昔蒯人為商而賣冰於市,客有苦熱者將買之,蒯人自以得時,欲邀客以數倍之利。客於是怒而去,俄而其冰亦散。」那賣冰者趁天熱漲價,結果「冰」財兩空,真是跟「冰」過不去。

有冰的夏天,是美好的夏天。當然,盛夏食冰,還是注意點好,尤其是體質虛弱之人,最好少食。

冰深情的日子

冰,也在長久的日子裡,被人們賦予深情。

在冰特別難得的時代,皇帝用冰靠事先保存,大臣用冰或靠皇帝賞賜、或憑官階和「冰票」領取,級別低的官員得不到冰,可能靠級別高的官員賞賜。這種「頒冰」的做法始於周朝,一直延續到清代。所以,若是將冰作為禮物來餽贈他人,那真是可貴的。

北宋文學家歐陽脩就常常送冰給同僚梅堯臣,他的餽贈,不是出於高級官員對低階官員的賞賜,而是出於朋友之間的情誼。歐陽脩在二十五歲至洛陽任錢唯演幕府推官時,

炎炎暑日，看古人如何以冰消暑 ◇

與年長自己五歲、任主簿的梅堯臣相識，開始了長達三十年的友情，直至梅堯臣去世。流金歲月中，二人心心相印，不離不棄，聚則樂而遊，別則思而夢，於道義、事業上互相支持。他們都是詩歌革新運動的推動者，對宋詩產生了巨大影響，梅堯臣還是歐陽脩古文運動的堅定支持者。

隨著為官級別的增高，歐陽脩送給梅堯臣的冰塊也增多，使得仕途坎坷、級別很低的梅堯臣能長年享受較好的以冰消暑之待遇，安然度炎夏。為了讓梅堯臣安心接受，歐陽脩還曾以自己不怕熱為藉口。其實，在條件有限的古代夏天，即使是真的不怕熱，也不會嫌冰多。梅堯臣心中當然明白，便常把自己捨不得吃的果品，例如西瓜、蜜桃、荔枝、楊梅等，做成冰鎮的，回贈歐陽脩。

冰，就這樣透亮著。怪不得會有冰心玉壺、冰雪聰明這樣的妙詞。飽含純粹情誼的心，就像唐代詩人王昌齡〈芙蓉樓送辛漸〉裡的「洛陽親友如相問，一片冰心在玉壺」，透著冰和玉一般的晶瑩和澈亮；也像唐代詩人杜甫〈送樊二十三侍御赴漢中判官〉中的「冰雪淨聰明，雷霆走精銳」，透出冰雪洗淨過的細膩和敏捷。

想那洛陽的初識，是多麼令人開懷，歐陽脩後來還作詩〈書懷感事寄梅聖俞〉（梅堯臣，字聖俞）來表達：「三月入洛陽，春深花未殘。……逢君伊水畔，一見已開顏」，梅堯臣

◇ 夏

　　也欣然記下「春風午橋上，始迎歐陽公」。二人一見如故，相見恨晚，歐陽脩當即寫了〈七交〉七首，分述同遊的幾個人，寫到梅堯臣〈梅主簿〉時，頗多揄揚之辭：「聖俞翹楚才，乃是東南秀。玉山高岑岑，映我覺形陋。〈離騷〉喻香草，詩人識鳥獸。城中爭擁鼻，欲學不能就。平日禮文賢，寧久滯奔走。」梅堯臣則說：「歐陽脩與為詩文，自以為不及。堯臣益刻厲，靜思苦學。」

　　這樣的相識，是人生中最美好的遇見，宛若冰一樣，閃耀著清潤明潔的光輝。

秋

梧桐聲聲報秋來

又是一年立秋時。

涼風至,白露生,寒蟬鳴。秋的畫面,印染著金色的霞光。「一葉梧桐一報秋,稻花田裡話豐收。」梧桐,便是秋的使者,它的葉子牽著秋的手,彷彿融合了音樂的旋律、和聲、節奏,笑吟吟地,舞在天地間。

梧葉報秋來

秋天的到來,伴著梧桐,有著特別的儀式感。

最具代表性的,是在宋代。立秋這天,皇宮內的人要把栽在盆裡的梧桐移入殿內,等到立秋時辰一到,太史官便以雄渾悠長的嗓音,抑揚頓挫地宣奏道:「秋來了。」語畢,梧桐竟應聲落下三片葉子。秋,就這樣到了。

真是餘味深長。梧桐葉在一聲召喚中迅然飄落,好似琴弦悠然而動,汩汩流淌出金色的旋律。那宋人,真是浪漫而多情;那梧桐,又是多麼懂得人和秋的心意。人與自然,真

◇ 秋

正相融在不斷成長的歲月中。

　　古人非常看重梧桐，在他們眼中，梧桐是有靈性的草木、樹中佼佼者、能知時知令。《遁甲書》說：「梧桐可知日月正閏。生十二葉，一邊有六葉，從下數一葉為一月，至上十二葉，有閏十三葉，小餘者。視之，則知閏何月也」，「梧桐不生，則九州異也」。

　　古人還很早就把梧桐與同樣有靈性的鳥中高貴者鳳凰連在一起，《詩經》的「鳳凰鳴矣，於彼高崗。梧桐生矣，於彼朝陽」就展示了這樣絢美的畫面：作為雄鳥的鳳與作為雌鳥的凰相和而鳴唱，圓潤和諧的歌聲飄飛山崗，梧桐則身披燦爛朝陽，蓬勃生長著。鳳凰「自歌自舞，其聲若簫」（《山海經》），梧桐彷彿彈奏的琴瑟，與鳳凰相隨。此情此景，不正是〈琴簫中和〉嗎？

　　而梧桐可以做琴瑟，華夏民族人文先始伏羲發明的琴、瑟，就是以梧桐為主材。《古史考》說：「伏羲作琴、瑟。」

　　記載了從上古傳說至明末歷史的綱目體通史《綱鑑易知錄》也說：「伏羲斫桐為琴，繩絲為弦；絚桑為瑟。」當時，伏羲看到祥瑞之鳥鳳凰「非梧桐不棲」，認為梧桐也是神靈之木，用來做歌頌天地的琴是最好不過了。伏羲便叫人把梧桐砍下，選擇三丈三尺高的，截成三段，以「三」來象徵天、地、人。他還用手指敲彈梧桐木料，聽音選材。他認為

音太清或太濁,木質便會過輕或過重,清濁相濟的才輕重相宜,適宜為琴。他把琴的長度定為三尺六寸五分,象徵一年365天;把琴身做成上圓下平,象徵中國古代天圓地方的說法;把琴弦定為五根,與中國古典哲學核心五行「木、火、土、金、水」相合,也合五音「角、徵、宮、商、羽」。後至周文王、周武王時代,五弦琴變成了文武七弦琴。周文王被商紂王囚禁於羑里,思念長子伯邑考,加弦一根,是為文弦;周武王伐商紂王,加弦一根,是為武弦。

伏羲有心而講究,這樣的人才能聽到梧桐裡深藏的奇妙之聲吧。東漢文學家、音樂家蔡邕也感受過梧桐之聲。那時他經過吳會之地(今湖北一帶),看到一個老農在燒柴做飯,突然覺得被燒之柴發出的聲音異常入耳,便認定是一塊斫琴的良材梧桐,連忙把這段木材從火中抽出來,一看果然是梧桐。不久請人做成琴,把燒焦的一段做成琴尾,取了一個非常具象又有意境的名字:焦尾琴。

梧桐也一點都沒有辜負人們的心,它高大挺拔、樹幹光潔、無節直生、紋理細而體性堅,能活百年以上,確是做琴的最佳材料。梧桐琴,更是被魏晉時期音樂家、文學家嵇康用一篇〈琴賦〉,描述成了世間最美的存在:「含天地之醇和兮,吸日月之休光。」這個曠達自由、爛漫率性的美男子,不愛洗澡,「頭面常一月十五日不洗」,但每次彈梧桐琴之

◇秋

前,卻一定會把手洗得乾乾淨淨。在他看來,梧桐吸收了天地日月之精華,令人敬仰。

梧桐,就在那一點一點打動人心的旋律中,應和著天地之音。

桐葉無戲言

梧桐不僅引得鳳凰來,還常常引得人們跟和與流連。

作為桐的一種,它與青桐、白桐、岡桐一起,被歷代醫藥學家詳盡描述。陶弘景說:「桐樹有四種:青桐,葉、皮青,似梧而無子;梧桐,皮白,葉似青桐而有子,子肥可食;白桐,一名椅桐,人家多植之,與岡桐無異,但有花、子,二月開花,黃紫色,……岡桐無子。」李時珍也說,「蓋白桐即泡桐也」、「其花紫色者名岡桐」、「青桐即梧桐之無實者」,李時珍無疑格外重視梧桐,在《本草綱目》木部中,他列了「桐」之後,又單列了「梧桐」。

梧桐在人們的日常生活中也用處頗多,它的樹皮可用於製作繩索和紙張,種子和果實可以食用或榨油。它的樹皮、莖葉、花果、種子等都可以入藥,有消癰除疽、消腫排毒、清肝明目等功效,把它的樹皮炙焦研成粉末,加清水或蜂蜜調汁後塗抹頭皮髮根,可以防治鬚髮早白。梧桐還是優良的綠化、美化、淨化樹種,能防止二氧化硫、氯氣等有毒氣體的侵襲。

最有趣的，是它的樹葉。一般長和寬均為10至二22公分、呈三角狀卵形或橢圓形的樹葉，是立秋時節小孩子愛撿拾玩耍的。西周初期幼年繼位的周成王（周武王的長子誦）還把梧桐葉玩成了典故。

那一年立秋，恰逢梧葉飄落，周成王隨意拾起一片梧桐葉，剪成圭狀，對弟弟叔虞（周武王次子）說：「以這個封你到唐地為侯。」圭，古時寫作珪，是古代帝王典禮時手執的一種上圓下方的長形玉製禮器，象徵高貴，表示信符，用於區分爵位等級。很快，輔佐國事的周公旦（周武王的弟弟）奏請周成王擇吉日冊立叔虞。周成王聽後不以為意，說：「我們在玩遊戲，我只是和叔虞開玩笑呢！」周公旦則嚴肅地說：「天子沒有玩笑話，說出來的話都會被史官記載下來，然後行之於禮，見之於樂，一言九鼎。」周成王便接受了周公旦的意見，把唐地封給了叔虞。叔虞即載入史冊的唐叔虞、晉國的開國始祖。

這是《呂氏春秋》和《史記》都記載了的「剪桐封弟」，「君無戲言」也誕生在這個故事中，剪桐也開創了剪刻藝術的先河。人們學周成王，把梧桐葉剪成各種形狀，用來裝飾庭院家居。一些相愛的青年男女還別出心裁，把梧桐葉剪成心形，作為信物互贈。剪桐這個手法和戰國時期出現在皮革、銀箔等物品上的鏤空刻花一樣，都與紙張產生後的剪紙

◇ 秋

同出一轍，也是剪紙的起源。

　　音樂家更是不忘梧桐，用梧桐琴伴著「剪桐封弟」輕輕傳唱。桐葉無戲言，像一個個堅定的音符，立在樂譜中，婉轉成濃淡相宜、高低相配的和聲。飄落的梧桐葉，從始於報秋，繼而天下知秋，引申為「見葉落而知歲之將暮」，以小明大。

　　綿綿樂譜裡，也跳躍著不同的音符，唐代文學家、哲學家柳宗元以「辨」這種用於辨析事物是非真偽並加以判斷的論說文體，作〈桐葉封弟辨〉，發表了不同的意見。他就大臣應如何輔佐君主這個問題，批評了君主隨便的一句玩笑話，臣子也要絕對服從的現象，主張不能盲從，要符合客觀規律。他覺得，周公旦只是認為君王說話不能隨便罷了，難道一定得要遵從「戲言」辦成「封弟」這件事嗎？他還假設，如果周成王把削成圭形的梧桐葉跟嬪妃和太監之類的人開玩笑，周公旦也會提出來照辦嗎？

　　在那個時代，發表這樣的觀點也需要非同一般的膽識和見識。

　　君子無戲言，言而有信、行必中正，卻是君子的風範。梧桐，也氣勢昂揚地立在君子之風中。周成王更是牢牢記住了那一片梧桐葉，一生不敢再有戲言。

梧桐兼細雨

也許是秋天落葉的緣故，梧桐也染上憂愁。

古人把四季加「長夏」為「春、夏、長夏、秋、冬」，在五行「木、火、土、金、水」中，秋對應金，在五種情志「怒、喜、思、悲、恐」中，秋對應悲，在五聲「呼、笑、歌、哭、呻」中，秋對應哭。因此，秋天、秋風雖然被稱為金秋、金風，清平而和悅，但也常常令人悲秋而淚流。淚和雨也常常如影隨形，君不見那淚如雨下呀。梧桐又是桐的一種，桐被中國現存最早的藥物學專著《神農本草經》列為「下品」，下品為佐、使，主治病以應地，多毒，不可久服，欲除寒熱邪氣，破積聚，愈疾者，本下經。使用梧桐的任一部分來治療疾病前，都須得經過專業炮製和加工，以此防毒。且「下品多引悲」。梧桐、細雨、傷悲便彷彿不請自來。

寫梧桐比較多的算是宋代婉約派代表詞人李清照了，她的〈行香子・七夕〉：「草際鳴蛩，驚落梧桐，正人間天上愁濃」；〈念奴嬌・春恨〉：「被冷香消新夢覺，不許愁人不起。清露晨流，新桐初引，多少遊春意」；〈鷓鴣天（寒日蕭蕭上鎖窗）〉：「梧桐應恨夜來霜」；〈憶秦娥（臨高閣）〉：「斷香殘酒情懷惡，西風催襯梧桐落。梧桐落，又還秋色，又還寂寞」，以及膾炙人口的〈聲聲慢（尋尋覓覓）〉：「梧桐更兼細雨，到黃昏、點點滴滴」，無一不是愁、愁、愁。

◇ 秋

　　若不是後半生經歷了國破家亡和顛沛流離,李清照不會這麼愁。她出身於書香門第,父親李格非為進士出身,是北宋文學家蘇軾的學生。她自幼受家學薰陶,聰慧穎悟,「才高博學,近代鮮倫」、「詩文典贍,無愧於古之作者」。十八歲時,她與時年二十一歲的太學生趙明誠在汴京成婚。婚後,二人琴瑟和弦,共同致力於古籍書畫金石的蒐集整理,度過了人生中最難忘的和美歲月。前半生的優渥生活中,她家的庭院裡種植有梧桐。

　　梧桐和細雨,也早已是經典的文學意象。唐代詩人溫庭筠的〈更漏子・玉爐香〉:「梧桐樹,三更雨,不道離情正苦。一葉葉,一聲聲,空階滴到明。」北宋文學家晏殊的〈撼庭秋・別來音信千里〉:「碧紗秋月,梧桐夜雨,幾回無寐。」這些都令人黯然神傷。

　　當冷雨敲打著闊大的梧桐葉,節奏清清,回聲蕩蕩,韻律明明,一點點,一滴滴,彷彿與心上的憂傷,匯流成河。選擇梧桐兼細雨作為憂愁的襯托,是真正的文人在以特別的形式表達著對梧桐的愛,只有高貴的梧桐,才配得上心靈深處的憂愁。梧桐還能寫作桐、梧桐、梧桐樹等,單獨成字、詞、句,在有詞牌韻律約束的詩詞裡,更有揮灑的自由。

　　於是,梧桐細雨,已經不僅僅是個人感受,而是超越時空且亙古不變的感懷。一掬梧桐雨,足以慰風塵。

處暑摘新棉,開花不見花

「離離暑雲散,裊裊涼風起。」處暑,在雲淡風輕中,姍然而來。

處,是終止的意思。處暑者,出暑也。一年的暑熱,在這個時候結束。

農諺云:處暑好晴天,家家摘新棉。棉花,就在這個時候,伴隨著天上行雲,綻開了如花笑臉。

貼心小棉襖

處暑時節破苞而出的棉花,真是好看。它很像這個時節天上那舒捲而自如的雲彩,散在輕描淡寫之間,揚起漫漫暖意。

處暑摘新棉,也像是在摘著漫天的雲朵。貼在指間輕掐慢捻的,是綿綿的柔情、久久的蜜意。心頭,就在恍惚間,被溫柔款款環繞。

棉花並不是真正意義上的花,它只是一種植物的種籽纖維。這種錦葵科棉屬植物,開出的植物學意義上的花朵是乳白色的,開花後不久轉成深紅色,凋謝後即留下小型的綠色蒴果,即棉鈴。棉鈴內有棉籽,棉籽的茸毛慢慢從棉籽表皮長出,長滿棉鈴內部。棉鈴在這個時節成熟,裂開後湧出一團團白色或白中略帶微黃,如花朵一般的柔軟纖維,就是棉花。

◇ 秋

　　棉花最早的名字也有點女性化，古終、白疊、橦華、戴等，梵書還謂之睒婆，又曰迦羅婆劫，這多是以梵文的稱呼轉譯的。棉花原產地為印度和阿拉伯，最遲在南北朝時期輾轉傳入中國，最初多在邊疆種植，至宋末元初才大量傳入內地。棉花傳入中國之前，中國只有可供填充枕褥的木棉，沒有可供紡織的棉花。因此，宋代以前，中國只有帶「絲」之偏旁的「綿」字，沒有帶「木」之偏旁的「棉」字，「棉」字是從《宋書》起才開始出現的。棉花的稱呼，主要源於它可以紡織的性質，以及宛若花朵一般的形狀。

　　南朝宋時期學者沈懷遠《南越志》把棉花描述得比較詳細：「所謂桂州出古終藤，結實如鵝毳（ㄘㄨㄟˋ），核如珠珣，治出其核，紡如絲綿，染為斑布者，皆指似草之木綿也。」棉花的好處也很多：「此種出南番，宋末始入江南，今則遍及江北與中州矣。不蠶而綿，不麻而布，利被天下，其益大哉。」

　　棉花，也格外令女性喜愛。宋末元初年間，出生於松江烏泥涇鎮（今上海徐匯區華涇鎮）貧苦家庭的女子黃道婆流落到有千餘年棉花種植史的崖州（今海南島南端的崖縣）時，就被棉花深深吸引。這種吸引匯成一股力量，讓她在人生地疏的崖州生活了三十餘年，學會了種棉、棉紡、棉織的全部技術。回到家鄉烏泥涇鎮後，她又教導鄰人這些技術，

並對落後的紡織工具進行改革，如以軋車去除棉籽、以四尺大弓擊弦彈棉、以足踏三錠紡車紡紗等。足踏三錠紡車是當時世界上最先進的棉紡車，比英國發明家詹姆士・哈格里夫斯於西元 1765 年發明，並以他女兒名字命名的珍妮紡紗機要早四百多年。

棉花，在黃道婆手裡創造了奇蹟。她採用「錯紗配色，綜線挈花」等織造技術，織出的被、褥、帶、帨，「其上摺枝團鳳棋局字樣，粲然若寫」。當時的女子和小孩子都喜歡黃道婆的棉花製品，還編唱出一首歌謠：「黃婆婆，愛棉花，教我織來讓我花（花同華，有漂亮之意）。」元代也有詩人稱讚：「崖州布被五色縩，組霧織雲粲花草。片帆鯨海得風歸，千柚鳥涇奪天造。」到了清代，人們將棉絲紡織家、技術改革家黃道婆尊為布業的始祖。

棉花，成就了黃道婆。這位約十二歲時就被賣作童養媳的女子，因為不堪虐待，在某天深夜逃入一座道觀，被道姑帶上海船，才流落到崖州。那如花似玉的少女時光中，連一個好聽一點的名字也沒有，「黃道婆」這個名字還是道姑取的。幸好，有棉花，令少時的孤苦，消泯在純潔的溫暖中。

棉花，會溫暖有心人。

◇ 秋

鏗鏘棉花圖

　　棉花的到來，讓人們收穫了許多欣喜。

　　棉被、棉衣、棉褲、棉鞋、棉襪、棉帽、棉手套，讓之前只能用樹葉、稻草、獸皮、蠶絲、羊毛、葛、麻等物品來抵禦嚴寒的古人，生活品質大大提高，種植棉花也成為一項重要農事。處暑時節的清新陽光，飄灑在穿梭於朵朵新棉間的勞作者身上，繪成一幅旖旎的田園圖。

　　清代直隸總督方觀承也喜歡這樣的圖畫，他認為種棉「功同菽粟」，只有使老百姓種棉紡織，才能使「衣被周乎天下」。他也真的在乾隆三十年（西元 1765 年）時主持繪製了一幅〈棉花圖〉，概括了種植、管理、織紡、織染等全過程。當時，乾隆皇帝南巡，途經河北保定時視察了腰山王氏莊園的棉行，方觀承即以此為背景，將畫有布種、灌溉、耕畦、摘尖、採棉、揀晒、收販、軋核、彈花、拘節、紡線、挽經、布漿、上機、織布、練染的 16 幅圖譜裝裱成冊，每圖都配有文字說明，書前還收錄了康熙皇帝的〈木棉賦並序〉。

　　〈棉花圖〉讓重視民生的乾隆皇帝倍加讚許，他欣然執筆為每幅圖都題下一首七言絕句，例如，在〈灌溉圖〉中，他題的是：「土厚由來產物良，卻艱治水異南方。轆轤汲井分畦溉，嗟我農民總是忙。」在〈織布圖〉中，他題的是：「橫律縱經織帛同，夜深軋軋那停工。一般機杼無花樣，大輅推

輪自古風。」詩中洋溢著濃厚的生活氣息和真實的情感。〈棉花圖〉便又名〈御題棉花圖〉，成為迄今為止世界上最早且較為完備的棉作學圖譜。

方觀承任直隸總督二十餘年，深得乾隆皇帝信賴。他早年坎坷，在朝中做官的祖父、父親因受他人案件牽連均被流放，他少時曾在寺中寄宿，也曾流落街頭，成年後曾靠擺攤測字謀生。某一天，他的小攤被偶然路過的平郡王福彭光顧，福彭被他的測字智慧打動，帶他到府中做幕僚，沒多久又引薦給雍正皇帝，成為七品的內閣中書。接下來他用十七年的時間一路升遷至一品的直隸總督。他是歷史上少有沒有經過科舉考試，而直接走上仕途的人。他任職期間，曾有人以他的女性家眷用棉花製品做巫蠱用具之類的罪名來彈劾他，但乾隆皇帝都不予採信。

當然，「巫蠱」事件也屬於莫須有，方觀承的女性家眷只是用棉製品來打扮自己和裝飾居室而已。古代愛美的女性會把棉花加工成各種裝飾品，例如把棉花織染成五顏六色的棉線，扎成各種圖案，掛在帳前、鏡邊、窗下，這也是現代中國結的雛形。她們還把棉線做頭飾、項鍊、手鍊、香囊和手袋的繫帶等。

〈御用棉花圖〉誕生後，方觀承越發珍惜，他又特意將圖譜刻在 20 塊端石上，以精細的線條、蒼勁的筆法，展示

◇ 秋

乾隆皇帝的題詩和栩栩如生的人物形象。各方辛苦,都在這難得的石刻藝術珍品中顯現出來。

棉花很美,愛棉不易。

提燈的天使

棉花最令人敬佩的,還是它暢行在醫療領域裡的功能。

棉花和棉籽都有用。性味甘溫的棉花,無毒,燃成灰,可以治療血崩、金瘡。性味辛熱的棉籽,雖然有微毒,還會損害眼睛,但是經過嚴格而專業的炮製和加工後,可以治療惡瘡疥癬,還可以提煉出棉籽油,燃燈。

棉花,就被做成棉花棒、棉球、棉片等一次性醫療用棉製品,經過專業消毒後,沾酒精、碘合碘、各種藥水,清創、殺菌、止血,那受傷的身體就慰帖了。棉籽油燈,成為光明使者。

把棉花做醫療用棉也有講究,須將棉花經過化學處理去掉脂肪,成為脫脂棉,即把棉花除去夾雜物,脫脂、漂白、洗滌、乾燥、整理加工才成。脫脂棉比普通棉花更容易吸收液體,是衛生用品,也可以用來製造硝酸纖維,又稱藥棉。

護理事業的創始人和現代護理教育的奠基人佛蘿倫絲・南丁格爾(西元 1820 ～ 1910 年)就懂得使用棉花。在護理傷病員時,她大量使用醫療用棉,並堅持一次性使用,以防

止傳播疾病和交叉感染。她還從專業角度，引申闡述護理的重要性。她認為，很多生命的消亡，都是由於沒有得到正確而專業的護理所導致的。

在英國、法國、土耳其聯軍與沙皇俄國之間爆發的克里米亞戰爭（西元 1853 ～ 1856 年）中，英國參戰士兵的死亡率高達 42％，南丁格爾透過分析堆積如山的軍事資料，指出主要原因是在戰場外感染疾病和受傷後沒有得到適當護理。於是，她主動申請擔任戰地護士，率領 38 名護士抵達前線服務於戰地醫院，並拿出個人儲蓄，為傷病員購置醫療用棉等醫療用品、必需的食物和生活用品。

透過專業的護理，僅用半年時間就使傷病員的死亡率下降到 2.2％。這種奇蹟般的效果引起震憾，護理工作的重要性終於為人們所承認。後來，人們把 5 月 12 日南丁格爾生日的這一天定為國際護士節。

每當夜幕降臨，南丁格爾就提著一盞小小的棉籽油燈，沿著崎嶇的小路，到戰地醫院逐床檢視傷病員。士兵們親切地稱她為「提燈女神」。有傷病員記錄下這樣的文字：「燈光搖曳著飄過來，寒夜似乎也充滿溫暖……我們幾百個傷員躺在那裡，當她來臨時，我們掙扎著親吻她那浮動在牆壁上的修長身影，然後再滿足地躺回枕頭上。」

「壁影之吻」，是對天使由衷的讚美。

◇秋

　　這位出身貴族家庭的女子,雖然身處上流社會,卻從小就樂於幫助和照顧有困難的人,哪怕在花園別墅避暑時,都不忘救助花園外的病人和窮人。她在日記中寫道:「不管什麼時候,我的心中,總放不下那些苦難的人……」她不顧家人的堅決反對,立志成為一名護士,為了理想,她終生未嫁。

　　稍有閒暇,南丁格爾就會做些棉花棒、棉球、棉片等備用。那靈巧的雙手,拈撕出幾縷脫脂棉,包住小竹棍頂端纏繞旋轉幾圈,緊成上厚下薄的棒槌狀,即成棉花棒;放入微握的手心裡輕攏小捻一下,所成蓬鬆的圓球形,即成棉球;夾進兩片四方薄紗布之間,展成均勻適中的大小方塊,即成棉片。

　　真喜歡這寧靜而安詳的製作時光,也喜歡那燈影搖曳的時刻。生命和棉花,在那樣的時候,都得到善待的好運。

白露打棗,果紅點點留玄機

　　白露,富有詩意的節氣名。

　　古人以四季加「長夏」,與五行「木、火、土、金、水」、五色「青、赤、黃、白、黑」相配,秋屬金,金色白,故以白形容秋露,白者露之色也。那附著在花草樹木上的露水,若是有清晨陽光照拂,更是顯出瑩白清亮一片。

棗,也跟著白露,熠熠生輝。「白露打棗」的農諺,「衰荷滾玉閃晶光,一夜西風一夜涼。雁陣聲聲蚊欲靜,棗紅點點桂流香」的節氣詩,早就把棗和白露連在了一起。

然而,棗的點點靈氣,從歷史長河走來,在露水純純白光中呈現的,卻不僅有美,還有更多。

棗之藏毒

白露打下的棗,從模樣到滋味,都最為怡人。

進入白露,氣候日益乾燥。用靈氣逼人的棗,來降伏秋燥之火,調理因夏天的睏乏而食慾不振的脾胃,是比較理想的。適當地食用棗,可以安定心神、平和脾胃、充盈氣血,泡水、熬湯、煮粥、釀酒,都適宜。特別是紅棗,為棗中翹楚,在西周時期就被選為上乘貢品,那時的人還把紅棗經過發酵等工序後,釀成紅棗酒。「秋來棗香鋪滿地,棗酒迎客醉不歸。」那一片棗紅,把白露染得更美了。至今,紅棗都被視為滋補佳品。

不過,棗的獨特,不在於性情醇厚溫和,也不在於味道甘美香甜,而在於一個非常特殊的作用．藏毒。

歷史上最善於利用棗這個獨特作用的人,應該是三國時期的魏文帝曹丕。在一樁和他有關的歷史謎案「毒棗殺弟」中,棗,被他發揮到了極致。

◇ 秋

　　據說曹丕登基為帝後，十分忌憚驍勇猛壯、手握兵權的同胞弟弟、任城王曹彰。趁著和曹彰在母后卞太后宮中下圍棋的機會，曹丕帶上棗當零食，他事先把毒藥放進棗蒂裡，精心做了標記，自己挑選沒有放毒的吃，讓曹彰把有毒的和沒毒的混著吃下。這也是南朝宋時期文學家劉義慶在《世說新語》中為人們提供的一種版本：「魏文帝忌弟任城王驍壯，因在卞太后閣共圍棋，並啖棗。文帝以毒置諸棗蒂中，自選可食者而進。王弗悟，遂雜進之。」

　　棗，居然可以充當殺人工具，著實令人始料不及。而棗之所以能夠承載毒藥，是因為相對於其他水果或食物而言，棗肉特有的纖維結構有利於吸納毒液。並且，棗蒂在棗中占的比例相對較大，便於塗抹毒藥成為毒源。最重要的一點是，棗品質穩定，不容易氧化，不會因為沾染了毒藥而變形變色。

　　棗可以藏毒，早在中國古代儒家主要經典之一的《周禮》中就有記載。當然，古人的初衷是「聚毒藥以供醫事」，是用棗藏毒來救人，而不是害人。中國醫藥學用毒藥治病的歷史極其久遠，某些大毒之藥攻克頑症痼疾效果顯著。而治病的同時又必須注意趨吉避凶，古代醫藥學家便常常將毒藥和另外一些性味相對平和、作用比較穩定、不容易被毒侵蝕和破壞的藥物來搭配，以此來調和藥性，避免或減少毒藥對人體的損傷。棗，就是符合條件的盛毒、減毒的工具。例

如,棗與大毒而又具有破血逐瘀、散結消癥、攻毒蝕瘡等功效的斑蝥放在一起,治療反胃吐食、小腸氣痛等症並反覆發作者,療效就很好,可以在一枚去核的大棗中,放入一枚去了頭、翅的斑蝥,用紙包好煨熟,去斑蝥而食棗。還有,十棗湯這個有瀉下逐水之功的方劑中,十顆棗是方中重要成分,同時也是用來緩解方中其他成員,芫花、甘遂、大戟之類有毒藥草的毒性的。

不過,棗之類似藏毒載體的作用畢竟有限,當被藏之毒的毒性過大、濃度過高且與藏毒載體的藥性相反或相剋時,那載體便不能減輕或緩解毒性了,只能任憑食用者被毒藥吞噬。對健康的人或是藥不對症者而言,食用這樣的「毒」,更是面臨著可怕的結局。

曹丕無疑通曉醫藥知識,他一定在棗蒂裡藏下了與棗完全沒有融合點的高濃度劇毒藥。到底是何種毒藥,我查閱了許多資料,都無從考證。曹丕成功地將棗塑造成大毒劇的主角。

「本是同根生,相煎何太急。」

棗來不易

棗的到來,讓白露更具嘉容。

相傳,棗是被中華民族始祖黃帝發現的。那正是白露時節,黃帝帶領族人到野外狩獵,行至山谷時,一行人都感到

◇ 秋

飢餓而疲勞，便開始尋找食物。黃帝找了很久，發現半山的幾棵大樹上結著果實，頗為誘人，連忙帶著眾人採摘品嚐，發現這果實甘甜中帶著微澀，分外解飢止渴，吃完後覺得疲勞也消了。高興之餘，大家請黃帝為這無名果命名。黃帝說：「此果解了我們的飢勞之困，一路找來不容易，就叫它『找』吧。」「找」之果由此誕生。後來倉頡造字，根據「找」樹的形狀和特性等，把「刺」字的右邊偏旁疊起來，創造了「棗」字。

棗，既指鼠李科落葉灌木或小喬木植物棗樹，也指棗樹的成熟果實。它以有趣而有情的開篇，攜充實而豐富的內涵，延綿在人們的生活中。只是，來之不易的棗被曹丕使用後，就令人心頭一冷。

曹彰中毒後，卞太后想找水讓他喝下以達到排毒解救的目的，可是曹丕為了充分發揮「毒棗作用」，早已做好各種「防護」措施，他事先就命令手下把裝水的瓶罐都打碎了。匆忙間，卞太后光著腳趕到井邊，也沒有找到打水的用具。最後，她只能眼睜睜地看著曹彰走向生命盡頭。《世說新語》的細節描寫也很豐富：「既中毒，太后索水救之，帝預敕左右毀瓶罐，太后徒跣趨井，無以汲，須臾，遂卒。」

當然，棗即便不藏毒，也不是全無使用禁忌。雖然中國現存最早的藥物學專著《神農本草經》將棗列為上品，上品為君，主養命以應天，無毒，多服，久服不傷人，欲輕身益

氣，不老延年者，本上經。但是，《日華子本草》說：「有齒病、疳病、蟲蠶人不宜啖棗，小兒尤不宜食。又忌與蔥同食，令人五臟不和；與魚同食，令人腰腹痛。」李時珍也說：「今人蒸棗多用糖、蜜拌過，久食最損脾，助溼熱也。啖棗多，令人齒黃生蟲。」蟲，即小蟲。過多食用棗會引起胃酸過多和腹脹腹瀉，孕婦如果有腹脹現象就更不要吃棗了，只可以喝喝紅棗湯，否則有可能失去胎兒。食用生棗最好除去棗皮，因為生棗皮容易黏附在腸道中不易排出，會引起腹痛。腐爛的棗是完全不能食用的，腐爛棗在微生物作用下會產生果酸和甲醇等，食用後會出現頭暈、視力障礙等中毒反應，嚴重時會危及生命。

幸好，棗的毒性副作用不會掩蓋它的美，它被民間視為「木本糧食」之一，《詩經‧豳風‧七月》早用「八月剝棗，十月穫稻」的描述，展示出了它的豐美。它治療心腹邪氣、虛弱勞損、煩悶不安等症的效果挺不錯，還能養肝、防癌、抗衰老等，民間有「日食三顆棗，百歲不顯老」之說。

棗的豐收，意味著豐年。

棗不囫圇

棗，還含著隱約的風趣。

它帶來了「囫圇吞棗」這個比喻對事物不加分析思考、籠統接受的成語。

◇ 秋

　　據說，古代有個學生得知，「梨有益於牙齒，但吃多了會傷脾；棗有益於脾，但吃多了會損傷牙齒」，便卯足了勁，想出一條「妙計」，他說：「那我吃梨時光嚼不咽，就不能傷脾；吃棗時整個吞下去而不嚼，就不能傷牙齒了。」元代學者白珽把這個趣事寫在《湛淵靜語》中：「客有曰：『梨益齒而損脾，棗益脾而損齒。』一呆弟子思久之，曰：『我食梨則嚼而不嚥，不能傷我之脾；我食棗則吞而不嚼，不能傷我之齒。』狎者曰：『你真是混淪（同「囫圇」）吞卻一個棗也。』遂絕倒。」

　　跟著這個有些愚鈍的學生，棗使人展顏大笑。歡笑中，再來看魯迅先生的〈秋夜〉，更覺得別有深意。「在我的後園，可以看見牆外有兩株樹，一株是棗樹，還有一株也是棗樹」，獨具匠心的開頭，引出意象空靈、語言精緻、結構嚴謹的短文，以柔軟玲瓏的棗來禮讚堅強與勇敢、清醒與冷靜。早年學醫的魯迅，對棗的本質非常清楚，所以他用棗做出的引申、象徵、感嘆都頗為相宜。更重要的是，相比曹丕，魯迅先生對棗的理解，隱含著一層深深的暖意。

　　與棗共度的溫暖時光，曹丕也是有過的呀！天真爛漫的光華裡，白露未晞的時候，他帶著弟弟們在棗樹下盡情玩耍。和煦的陽光，輕輕拂在那揚起的稚嫩臉上。棗樹上的棗，由家僕們打落下來。一顆一顆的，被小手端在盤裡、捻在指間，端詳、品嚐。「秋來紅棗壓枝繁，堆向君家白玉

盤。」那份好光景，真像後來北宋文學家歐陽脩在〈寄棗人行書贈子履學士〉裡的詩句一樣。

然而，棗的芬芳沒能長留於曹丕心中。曹彰逝去後，曹丕還想接著除去另一個同胞弟弟東阿王曹植，被卞太后制止。卞太后說：「你已經殺了我的任城王，不能再殺我的東阿王了！」母親的悲憤與激烈，終於讓曹丕住手。棗，也終於在這樁落下帷幕的毒案中退場。

想當初，曹丕與父親曹操、弟弟曹植在政治上的地位和文學上的成就，對他們所處的建安時期產生了很大影響，他們是建安文學的代表，被合稱為「三曹」。他們與那個時期的文人雅士一起，以意境宏大、筆調朗暢、雄健深沉、慷慨悲涼的風格彰顯了「建安風骨」或「魏晉風骨」，造就了文學史上一個輝煌的時代，對後世影響極為深遠。魯迅先生也讚道，建安是文學的自覺時代。

那樣的璀璨，多麼令人振奮。

可惜，猜疑、傾軋、斬殺，遠去了曹操的「古直悲涼」、曹丕的「便娟婉約」、曹植的「文采氣骨兼備」，唯留下棗的孤單。

感慨間，我相信，棗，與毒共舞時，依然保有本性的溫存和善意。我更願意看到，棗暖在人們心裡、眼中，紅紅火火地愉悅著每一寸光陰。

◇秋

秋分卸梨滋味長

秋分，秋色平分，秋意濃濃。

「分」為「半」之意。一年中，「立秋」為秋季開始，「霜降」為秋季結束，「秋分」正好是立秋至霜降的中間。秋分這天，白天和黑夜一樣長，各 12 小時，「陰陽相半也，故晝夜均而寒暑平」。

「秋分卸梨」。梨，美在這均勻秋色中，於天、於地、於人，都富含著足夠的分量。

梨之利

梨樹，最初是被稱作「利樹」的。

河北省趙縣古稱趙州，盛產雪花梨，種植歷史悠久。當地有這樣一個傳說：很久以前，大安村一帶很多老百姓都咳嗽不已，用了各種辦法治療都不見效，許多人相繼去世。一天，一位年老的婦女帶來一棵樹，指導人們把樹栽上，告訴他們第二年秋分時節吃這棵樹上結的果子就可以治好咳嗽。第二年，人們吃了這種果子，果然不咳嗽了。大家便紛紛從這棵樹上剪枝插栽，每年秋分時節都食用這樹上結出的果子，再也不受咳嗽的折磨。大家覺得這樹對人有利，就叫它「利樹」。後來，倉頡造字時，見它是果木，就在「利」字下加了一個「木」字，樹便叫「梨樹」，樹上結的果子就叫

「梨」。人們把那位送梨樹的老婦尊為「梨花娘娘」，並在村口建廟祭祀至今。

「梨者，利也」，元代醫藥學家朱震亨說得沒錯，「其性下行流利也」。梨可「潤肺涼心，消痰降火，解瘡毒、酒毒」。明末清初醫藥學家李中梓在《本草通玄》中也提到，梨具有「生者清六腑之熱，熟者滋五臟之陰」的功效。梨性寒、味甘、微酸，入肺、胃經，可用於熱病津傷、消渴、咳嗽、便祕等症的治療。

梨之利，展現在它的實用性上。最早人們吃梨，注重的就是梨有良好的潤肺降火效果。魏文帝曹丕曾詔曰：「真定御梨大如拳，甘如蜜，脆如菱，可以解煩釋悁。」人們特別注重在秋分時節來享用梨。到了唐代，還誕生了秋梨膏。當時，唐武宗李炎出現口乾舌燥、心熱氣促之類病症，吃了很多藥都沒有效果。御醫和滿朝文武非常著急，遍訪醫方，訪得一名道士。道士呈上一份以梨為主、搭配蜂蜜等物熬製的蜜膏，請皇上秋分時節服用。唐武宗遵醫囑服用後，病就好了。慢慢地，秋分時節吃梨，變成宮廷美味。再流傳下來，民間也喜歡秋分食梨。

秋分食梨，確實是很好的養生方法。秋分時節，燥氣易傷人津液，日常飲食宜吃一些生津、滋陰、潤燥、清熱的食物，以補充體內損耗。這個時節成熟的梨，是最佳選擇。可

◇ 秋

以單吃、生吃、蒸煮著吃,還可以搭配冰糖、蜂蜜、銀耳、枸杞等一起熬製著吃。不過,梨不可多食,「多食令人寒中萎困」,「金瘡、乳婦、血虛者,尤不可食」。《名醫別錄》將梨列為下品,下品為佐、使,主治病以應地,多毒,不可久服,欲除寒熱邪氣,破積聚,愈疾者,本下經。

而梨之利,除了實用,還很有思想。它的利,蘊藏在「秋」裡,出自《易經》,是乾卦的卦辭之一,「乾:元,亨,利,貞」。

乾為天,剛健中正。乾卦是《易經》第一卦,乾卦是根據萬物變通的道理,以「元、亨、利、貞」為卦辭,以示吉祥如意。在古人眼裡,元、亨、利、貞代表仁、禮、義、正和春、夏、秋、冬。元,始也,萬物之始,於時配春,春時萬物之發生,春以初生得其元始之序;亨,通也,萬物之長,於時配夏,夏時萬物之長養,夏以通暢含其嘉美之道;利,和也,萬物之遂,於時配秋,秋時萬物之成熟,秋以成實得其利物之宜;貞,正也,萬物之成,於時配冬,冬時萬物之收藏,冬以物之終而納於正之道。由此,貞下起元、周而復始,自然萬物生成的全過程,是陰與陽的和諧統一。展現在人們眼前的,是日月往來、寒暑交替、老幼更替、生生不息。

秋與利相配,這才有了萬物之熟、利物之宜。梨因利得名,又因利傳世。那秋色濃厚的秋分時節摘下的梨,也一併

融合在這樸實無華而又博大精深的古代哲學思想中,有義、有吉、有道。

讓梨人

梨,有謙有讓。

孔融讓梨的故事,大家都很熟悉,南朝宋時期歷史學家范曄把這個故事編進了《後漢書》:「年四歲時,與諸兄共食梨,融輒引小者。大人問其故,答曰:『我小兒,法當取小者。』由是宗族奇之。」《三字經》也收錄:「融四歲,能讓梨。」

因為梨,孔融出名很早。不過,讓梨的故事也有不同的議論,有人說孔融之所以選小梨,是因為之前受過兄長教訓,所以不敢拿大的;也有人說這個「讓」太顯心機,又有悖兒童天性,且用來博取大人表揚,屬於討好型人格等。也就是從讓梨開始,身為孔子的第二十世孫、「建安七子」(東漢建安年間七位有成就的文學家的合稱)之首的孔融開始被各種議論包圍。

孔融十歲那年,隨父親到京城洛陽。他很想當面認識當時的洛陽名士李膺,便對守門人說自己是李膺先生的親戚。守門人不敢怠慢,趕緊進屋通報。李膺看到一個陌生的小孩進屋,感到很奇怪,就問他與自己有什麼親戚關係。孔融不慌不忙地說,我們兩個的先祖孔子和老子有師生情誼(孔子

◇ 秋

曾向老子請教過關於周禮的問題），因此，我們兩個是世交呀！一個小孩能隨意用老典故建立新關係，令在場賓客十分驚奇。太中大夫陳韙知道這件事情之後說：「聰明的小孩長大後不一定聰明。」孔融笑著說：「那您小時候也一定很聰明吧？」嗆得陳韙不知如何應答。李膺則笑著圓場：「你現在聰明，將來肯定更聰明。」

這個事件，孔融被人說成是愛耍小聰明、自以為是、鋒芒太露。

獻帝初，孔融因忤逆董卓而被貶為議郎，出任北海相。後來劉備表薦他出任青州刺史。建安元年，孔融被袁譚圍攻，雙方從春天戰至夏天，城內戰士僅剩數百人，流矢還是像暴風雨一樣襲來，待城內短兵相接時，孔融仍然「憑几讀書，談笑自若」。至夜晚城池淪陷，他才逃奔至太行山以東，妻兒都被袁譚所擄，袁譚完全占據了青州。

這個事件中的孔融，更獲負評，除了被指責為志大才疏、裝模作樣、毫無軍事才能之外，還被指責為無情無義、沒有擔當。

不過，之前孔融在北海做國相時，還是頗得好評，被時人稱為「孔北海」。他修建城邑、設立學校、舉薦賢才、表顯儒術、獎勵進取。只要國人有一點微小的善行，他都加以稱讚、以禮相待。國人沒有後代的，以及四方遊士有去世

的,他都幫助安葬他們。

孔融一生忠於漢室,屢屢觸怒曹操,最後被曹操斬殺,並株連三族。從他後來的性格來看,他四歲時讓梨不太可能是「受過訓斥,才不敢拿大的」和「討好」大人。對他的一些議論中,有一部分也可能屬於時下所說的陰謀論。

曹丕對孔融的評價還是褒多於貶的。他把孔融比作漢賦名家,在孔融死後還以重金懸賞徵募他的文章,他說:「孔融體氣高妙,有過人者;然不能持論,理不勝辭,至於雜以嘲戲。及其所善,揚(揚雄)、班(班固)儔也。」揚雄是西漢學者,班固是東漢史學家,他們與司馬相如、張衡並稱漢賦四大家。

滾滾長江東逝水啊,而讓梨的時光,始終熠熠生輝。

梨園情

梨還滋生了一個行業:梨園。

梨園的來歷,有多種說法。清代乾隆進士孫星衍在嘉慶九年(西元1804年)撰寫的〈吳郡老郎廟之記〉記載:「相傳唐玄宗時,庚令公之子名光者,雅善〈霓裳羽衣舞〉,賜姓李氏,恩養宮中教其子弟。光性嗜梨,故遍植梨樹,因名曰梨園。後代奉以為樂之祖師。」

唐玄宗李隆基熱愛音樂,也很愛吃梨。他讓梨園由一個

◇秋

單純的果木園圃,演變成為一個學習表演歌舞戲曲的場所,成為中國曆史上第一所國立戲曲學校。宋代史學家王溥在他撰寫的斷代史《唐會要》中記載:「開元二年,上以天下無事,聽政之暇,於梨園自教法曲,必盡其妙,謂皇帝梨園弟子。」《新唐書》載:「玄宗既知音律,又酷愛法曲,選坐部伎子弟三百,教於梨園。」

梨園弟子實際上全是皇帝的音樂學生、技藝超群的音樂人,是從太常樂工中精選的,有幾百人之眾,可謂陣容龐大。唐玄宗親自擔任梨園的崔公(或稱崖公),相當於現在的校長(或院長)。「這絲竹之戲,音響齊發,有一聲誤,帝必覺而正之。」幾百人的表演裡,唐玄宗能快速分辨出誰對誰錯並糾正,可見其音樂造詣之高。唐玄宗還為梨園創作過作品,詩人賀知章、李白等也都為梨園編寫過節目。

李龜年是當時最出色的梨園弟子之一,他和李彭年、李鶴年兄弟三人都有文藝天分,李彭年善舞,李龜年、李鶴年善歌,李龜年還擅吹篳篥、擅奏羯鼓、長於作曲等。他們創作的〈渭川曲〉特別受唐玄宗賞識,可惜現已失傳。由於他們演藝精湛,王公貴人經常請他們去演唱。

詩人兼音樂愛好者王維也在梨園結識了李龜年。據史料記載,王維於開元九年(西元721年)進士及第即任朝廷太樂丞,是掌管樂和禮的官。當時,李龜年是唐玄宗最喜歡的

御用樂師，兩人的相遇相知是自然而然的事。王維有首膾炙人口的〈相思〉：「紅豆生南國，春來發幾枝？願君多採擷，此物最相思。」很多人把它當作為愛情詩，殊不知這首詩的另一個標題為〈江上贈李龜年〉，是王維在天寶年間與李龜年別離時所作。

王維還經常送梨給李龜年，那蜜甜的梨汁不僅潤喉，更滋潤了李龜年的心。〈相思〉也陪伴李龜年度過後來的艱難歲月。天寶末年，安史之亂爆發，唐玄宗倉皇西逃，王維被安祿山的叛軍扣留，李龜年也逃到了江南。李龜年顛沛流離之時，唯有〈相思〉長伴。李龜年這時的歌聲，常令聽者泫然而泣。他還經常唱王維的另一首詩〈伊川歌〉：「清風明月苦相思，蕩子從戎十載餘。征人去日殷勤囑，歸雁來時數附書。」以表達對長安、唐玄宗及故友的思念。

杜甫跟李龜年也頗有交情，早年在長安經常見面，惺惺相惜，後因安史之亂而分開。西元 770 年，杜甫逆湘水來到潭州（今湖南長沙），正巧碰上了李龜年。詩人、音樂家、久未謀面的舊友，重逢在山河破碎燼風飄零之際，語言變得非常無力，唯有兩行清淚從眸中淌出。悲傷的杜甫吟出了〈江南逢李龜年〉：「岐王宅裡尋常見，崔九堂前幾度聞。正是江南好風景，落花時節又逢君。」也就是在這一年，五十九歲的杜甫客死在湘江飄零的船上。

◇ 秋

　　唐代之後，梨園從皇家戲曲學校逐漸演繹為戲曲行業的雅稱，那些從業的演員都被稱為梨園弟子。或許，將戲曲行業稱為梨園，也是取了梨之利。因為對戲曲演員而言，嗓子很重要，梨是利咽潤喉的佳品，梨園弟子得用梨來保護嗓子。

　　於是乎，梨之情，代代相傳，響徹梨園中。

寒露，插遍茱萸露未晞

　　「九月節，露氣寒冷，將凝結也。」是為寒露。

　　寒露時節，古代有佩插茱萸、登高祈福、飲宴求壽等習俗。古人認為，茱萸可以驅蟲祛溼、逐風辟邪。直接佩戴在手臂和頭上、磨碎放進香囊掛於胸前，都是他們賦予茱萸的禮遇。

　　而寒露之露，本身也是值得傳頌的。

寒露未晞

　　寒露，在古人詩作中，常被渲染成一個百花凋零、淒冷不堪的時節。

　　唐代詩人白居易的〈池上〉算是代表：「裊裊涼風動，淒淒寒露零。蘭衰花始白，荷破葉猶青。」唐代詩人王昌齡的

「夕浦離觴意何已,草根寒露悲鳴蟲」(〈送十五舅〉)、北宋文學家王安石的「空庭得秋長漫漫,寒露入暮愁衣單」(〈八月十九日試院夢沖卿〉)等,還讓寒露跟離情、愁緒、哀怨連在一起。

殊不知,寒露也是有溫度的。

李時珍對露的解釋是:「露者,陰氣之液也,夜氣著物而潤澤於道傍也。」其性味「甘、平、無毒」。唐代醫藥家陳藏器在《本草拾遺》中說:「秋露繁時,以盤收取,煎如飴,令人延年不飢。」他還進一步說明:「百草頭上秋露,未晞時收取,癒百疾,止消渴,令人身輕不飢,肌肉悅澤。」明代醫藥學家虞摶也說,秋露「稟肅殺之氣,宜煎潤肺殺祟之藥,及調疥癬蟲癩諸散」。

寒露時節,正是「秋露繁時」。在古代醫家眼裡,露,真是好著呢!它是一劑良藥,能延年益壽,消除疾病。

支撐這種觀點的,還有古人記下的諸多故事:

南朝梁時期學者吳均《續齊諧記》記載:

司農鄧紹,八月朝入華山,見一童子,以五彩囊盛取柏葉下露珠滿囊。紹問之。答云:赤松先生取以明目也。今人八月朝作露華囊,象此也。

東漢學者郭憲《洞冥記》記載:

◇ 秋

漢武帝時，有吉雲國，出吉雲草，食之不死。日照之，露皆五色。東方朔得玄、青、黃三露，各盛五合，以獻於帝。賜群臣服之，病皆癒。朔曰：日初出處，露皆如飴。今人煎露如飴，久服不飢。

《續齊諧記》和《洞冥記》被劃入古代「小說」一類，其所載內容是否確有其事，也許存疑，但露的治療和保健作用是可信的。

李時珍還在前人的基礎上進行研究，特別提出了另外幾種常見露的功效和用法：「柏葉上露，菖蒲上露，並能明目，旦旦洗之；韭葉上露，去白癜風，旦旦塗之；凌霄花上露，入目損目。」這裡，除了凌霄花上的露要慎用以外，其他幾種都有奇效。他說可在「八月朔日」收取百草上的秋露，「摩墨點太陽穴，止頭痛，點膏肓穴，治勞瘵，謂之天灸」，用露水沾墨汁來治病，真是新奇有趣，就像古羅馬時代頗為流行的處方開頭寫的話一樣，「喝下一罐新鮮的露水」，令人眉目間都要溢出笑來。

是的，喝下一罐新鮮的露水，彷彿一份快樂的邀請，要我們過和大自然一樣健康、清新、簡樸、真實的生活。這本為陰液的露水，又因為附著在花葉之上，得了花葉之清氣，故能養陰扶陽、滋肝益腎、去諸徑之火、排諸處之毒。適量飲用和塗抹露水，可以美容潤膚亮顏，這也與陳藏器所說一

致：「百花之露，令人好顏色。」

對於露，李時珍格外珍惜，在《本草綱目》中，他除了單列「露水」條目，還單列了「甘露」條目：「甘露，美露也。神靈之精，仁瑞之澤，其凝如脂，其甘如飴，故有甘、膏、酒、漿之名。」

「秋露造酒最清冽」，秋天的露水用來釀酒，是最香冽可口的。

當然，這些文獻中記載的露並不全是秋露，但是，露的本質都是一樣的。它晶瑩透澈、婉如清揚，令寒露時節光彩照人。寒露，哪裡還有那些詩詞中表現出的「寒意」呢？

此時此刻，我也想趁露寒未霜時，擇俊逸清雅地，集晨露擁清風，靜候絢美之光。

茱萸沾露

茱萸，和著寒露而來。

「萬物慶西成，茱萸獨擅名。房排紅結小，香透裌衣輕。宿露沾猶重，朝陽照更明。長和菊花酒，高宴奉西清。」北宋文學家、書法家徐鉉用〈茱萸詩〉道出茱萸風味。北宋醫藥學家蘇頌也細緻描繪茱萸：「木高丈餘，皮青綠色。葉似椿而闊厚，紫色。三月開紅紫細花，七月、八月結實似椒子，嫩時微黃，至熟則深紫。」李時珍繼續補充：「枝柔

◇ 秋

而肥,葉長而皺,其實結於梢頭,纍纍成簇而無核。」氣味芳香的茱萸,以綠樹紅花的經典姿態,攜著如同花椒子般圓潤繁累的果實,靈動在風中。

茱萸又叫吳茱萸、吳萸。陳藏器說:「茱萸南北總有,入藥以吳地者為好,所以有吳之名也。」

相傳春秋戰國時期,弱小的吳國每年都要向強鄰楚國進貢。有一年,吳國使者將特產吳萸獻給楚王。楚王看不起這土生土長之物,認為被戲弄,不容吳使解釋,就令人將他趕出宮去。楚王身邊有位姓朱的大夫,將吳使接回家了解詳情。吳使說:「吳萸是吳國上等藥材,有溫中止痛、降逆止吐之功,因素聞楚王有胃寒腹痛之痼疾,故獻之,誰知……」朱大夫明白了,連忙好言勸慰,並將吳萸精心保管起來。次年,楚王舊病復發,腹痛如刀絞,群醫束手無策。朱大夫見機忙將吳萸煎熬,獻給楚王服下,藥到病除。楚王大喜,重賞朱大夫,詢問藥名。朱大夫便將吳使獻藥之事敘述一遍。楚王忙派人攜禮向吳王道歉,並命國人廣植吳萸。幾年後,楚國瘟疫流行,吐瀉腹痛患者遍布各地,幸有吳萸挽救性命。大家感念朱大夫,把「朱」加進藥名,稱「吳朱萸」、「朱萸」,後又取藥草之意,在「朱」字上方加草字頭,成「茱萸」。人們覺得茱萸好看又有救人仙力,還送了它一個「吳仙丹」的雅號。

寒露，插遍茱萸露未晞 ◇

當然，吳茱萸的產地不僅限於吳地，在蜀漢都有很多。茱萸類植物還有山茱萸、食茱萸，吳茱萸與它們從形狀到功效都是不同的。食茱萸「高木長葉，黃花綠子，叢簇枝上。味辛而苦，土人八月採，搗濾取汁，入石灰攪成，名曰艾油，亦曰辣米油，始辛辣蜇口，入食物中用」，它多作為調味品，臨床上使用得較少。山茱萸「葉如梅，有刺。二月開花如杏。四月實如酸棗，赤色」，果實有核，可以溫中逐寒溼痺，補肝腎。它性味酸平，無毒。

不過，茱萸不能多食。作為蕓香科植物，性味辛、溫、苦的茱萸有毒。孫思邈說茱萸「陳久者良，閉口者有毒，多食傷神，令人起伏氣，咽喉不通」。李時珍也說茱萸會「走火動氣，昏目發瘡」。臨床上有內服 30 克即引起中毒的案例。中毒者約 3 至 6 小時發病，症狀為劇烈腹痛、腹瀉、視力障礙、產生錯覺、毛髮脫落等。輕者停藥後症狀會慢慢消失，重者則必須對症治療。在中國最早的藥物學專著《神農本草經》中，茱萸被列為中品，中品為臣，主養性以應人，無毒有毒，斟酌其宜，欲遏病補虛羸者，本中經。經過炮製後的茱萸才有大用，能溫中下氣、止痛、除溼血痺、逐風邪、開腠理、止咳逆寒熱等。

毒性，也助長了茱萸消災辟邪的說法，茱萸由此又得「辟邪翁」之名號。《續齊諧記》中記載了這樣的故事：一

◇ 秋

天，汝南（今河南駐馬店汝南縣）方士費長房對他的徒弟桓景說：「九月初九你家會有大災難，你要讓家人各自做好彩色袋子，裡面裝上吳茱萸，到九月初九時，將吳茱萸袋纏在手臂上，登到高山上，飲下菊花酒，這個災禍方可破解。」跟隨費長房學道多年的桓景深信不疑，一家人便在九月初九這天清晨遵囑而行。傍晚回到家，發現雞犬牛羊都已逝去。傷心之餘，全家人也感慨萬千。茱萸的神奇深深印入大家腦海中。

大約從漢代開始，人們就愛在寒露時節佩插茱萸，祈福求吉。西漢文學家、淮南王劉安撰寫有關物理、化學的文獻《淮南萬畢術》說：「井上宜種茱萸，葉落井中，人飲其水，無瘟疫。懸其子於屋，辟鬼魅。」晉代更是風行這樣的習俗。宋、元之後，佩插茱萸的習俗逐漸稀見了。民國以後，佩插茱萸風俗基本消失。

但是，這一點都不影響我們在寒露時節稱頌茱萸。在現代，它還可以製成簡便易行的方子，治療一些慢性疾病，例如高血壓。把它的果實研成粉末，加適量白醋調勻，於夜晚睡覺時，敷於兩隻腳的腳心，用乾淨的棉布包裹固定，次日取下，連敷數日，超出正常標準的舒張壓和收縮壓會一點一點地恢復正常。

平衡與和諧，仍歡愉如常。

寒露，插遍茱萸露未晞

登高懷人

重陽登高是中國人的傳統，因為每年的重陽都在寒露節前後，所以也被稱為寒露登高。

而真正讓登高和茱萸變得耳熟能詳的，是唐代詩人王維的〈九月九日憶山東兄弟〉：「獨在異鄉為異客，每逢佳節倍思親。遙知兄弟登高處，遍插茱萸少一人。」

王維家居蒲州，在函谷關與華山之東，因此題稱「憶山東兄弟」。寫這首詩時他只有十七歲，大概正在長安謀取功名。這個才華早顯的少年用質樸、純實、清澈的語言將對親人的想念寫成的詩，擊中了人們內心最柔軟的地方。千百年來，作客他鄉的人只要讀到這首詩，都會產生潸然淚下的衝動。故鄉何在？親人安好？歸鄉之路，有多麼遙遠？思念之情，該如何安放？

也許，就是從這時開始，這讓王維嶄露頭角的吳仙丹，慢慢地把自己的仙味傳輸至他的心靈。早年的他，也有過積極的政治抱負，希望開創一番大事業，但變化無常的政局讓他逐漸沉下心來。四十多歲時，他在京城的南藍田山麓山水皆美之處修建了一座別墅，修習佛學，修養身心，過著半官半隱的生活。精通詩歌、音樂、書畫的他，在此期間的表達，都漸漸清冷幽邃，遠離世俗之氣，充滿深遠禪意。空靈、清渺、靜雅的仙味如期而至。

◇ 秋

　　天寶十四年（西元 755 年），安史之亂爆發，長安很快被叛軍攻陷，王維被捕後被迫出任偽職。戰亂平息後，王維被捕下獄，交付有司審訊，按理當斬，但因他被俘時曾作〈凝碧池〉抒發亡國之痛和思念朝廷之情，又因他做刑部侍郎的胞弟王縉平反有功，請求削籍為兄贖罪，他得到寬大處理，被降職為太子中允，後兼遷中書舍人，官至尚書右丞。

　　凝碧池是唐代洛陽禁苑中池名，據唐代學者鄭處誨《明皇雜錄》記載，天寶十五年，安祿山抓獲梨園弟子數百人，讓他們在凝碧池演奏，並不准他們悲傷流淚，言有淚者即斬，但梨園弟子悲不能已。一位叫雷海清的樂工，怒而投樂器於地，西向慟哭。安祿山手下便將雷海清肢解示眾。王維當時被拘在菩提寺中，聽聞此事，寫下〈凝碧池〉一詩：「萬戶傷心生野煙，百官何日再朝天？秋槐葉落空宮裡，凝碧池頭奏管弦。」

　　之後，王維的心境更加淡遠。他的很多作品，被人評價為具有東晉末至南朝劉宋初時期詩人陶淵明之遺風。作為半隱者，王維是在向四十多歲就全隱的前輩致敬嗎？隱者之間，常常有相通的戀戀情懷。離世之前，王維的生活態度，也頗為淡然，上元二年（西元 761 年），他作書向親友辭別後，安然離去。

茱萸的翩翩仙氣，照拂了王維的一生。每當人們寒露登高望遠之時，仍然會情不自禁地懷念他。

霜降，難忘那抹柿紅

霜降，是秋季的最後一個節氣，「氣肅而霜降，陰始凝也」。

農諺有「霜降到，柿子俏」一說。霜降帶來的，不僅僅是漸漸寒冷的天氣，還有那抹抹柿紅和團團柿甜，真似南宋理學家張九成〈見柿樹有感〉所言：「嚴霜八九月，百草不復榮。唯君粲丹實，獨掛秋空明。」

世傳柿有七德：一多壽，二多陰，三無鳥巢，四無蟲蠹，五霜葉可玩，六嘉實，七落葉肥滑，可以臨書也。其實，單是那如紅燈籠般俏立枝頭的沁甜柿子、那經霜變紅的橢圓形肥大柿葉，就已令「秋日勝春朝」。

柿子，吃出來的「凌霜侯」

「秋去冬來萬物休，唯有柿樹掛燈籠。欲問誰家怎不摘，等到風霜甜不溜。」

霜降時節成熟的柿，早就伴著這生動詼諧的句子，紅在人們眼中，甜在人們心裡了。

◇ 秋

柿出道很早。中國發現距今 250 萬年前新生代野柿葉化石,以及分別在浙江省浦江上山、田螺山出土,距今 1 萬年和 6,500 年前的柿核,都證明了野生柿子被食用的事實。進入夏朝、商朝,人們在野外採集過程中摸索出柿子脫澀的方法,發現脫澀後的柿子風味頗佳,便開始向帝王和奴隸主進獻。成書於西漢的《禮記》記載,柿是國君日常食用的 31 種美味食品之一。為採摘方便,人們還將柿樹作為奇花異木栽植在庭院之中。「柿,有小者栽之;無者,取枝於軟棗根上插之,如插梨法」,北魏時期農學家賈思勰將柿樹栽培嫁接技術記錄在《齊民要術》中,這是中國現存最早一部完整的綜合性農書。到了唐代、宋代,柿更為大家所熟知和喜愛。

柿的味道,被南朝梁簡文帝在〈謝東宮賜柿啟〉中作了令人向往的描繪:「懸霜照採,凌冬挺潤,甘清玉露,味重金液。雖復安邑秋獻,靈關晚實,無以匹此嘉名,方茲擅美。」在簡文帝眼裡,柿子光彩奪目,皮薄汁豐,味如瓊漿,獨享美名。

柿的模樣,也明亮在李時珍的《本草綱目》中:「柿高樹大葉,圓而光澤。四月開小花,黃白色。結實青綠色,八九月乃熟。」宋代學者謝維新撰寫的《古今合璧事類備要》還把柿子說得更為詳實:「柿,朱果也。大者如碟,八稜稍扁;其

次如拳;小或如雞子、鴨子、牛心、鹿心之狀。一種小而如拆二錢者,謂之猴棗。皆以核少者為佳。」

柿的功效,更是獲得人們廣泛認同。古人對柿的認可主要源於其養生療疾之用。李時珍說:「柿乃脾、肺血分之果也,其味甘而氣平,性澀而能收,故有健脾澀腸、治嗽止血之功。」清代醫藥學家王士雄在《隨息居飲食譜》中說:「鮮柿甘寒。養肺胃之陰,宜於火燥津枯之體。……乾柿甘平。健脾補胃,潤肺澀腸,止血充飢,殺疳,療痔,治反胃。」當然,柿也有食用禁忌,宋代醫藥學家寇宗奭說:「凡柿皆涼,不至大寒。食之引痰,為其味甘也。日干者食多動風。凡柿同蟹食,令人腹痛作瀉,二物俱寒也。」《名醫別錄》中,柿被列為中品,中品為臣,主養性以應人,無毒有毒,斟酌其宜,欲遏病補虛羸者,本中經。

最讓柿子具備樸素和原始意義的,是它代糧充飢的本領。對這一點有深刻理解的人,應該是明太祖朱元璋。朱元璋幼時飽受貧窮之苦,做過小和尚、行過乞;元末自然災害較為頻繁,更讓他覺得那時候的人生彷彿只有一個字:餓。某一年霜降時節,又遇饑荒,朱元璋幾乎陷入絕境。就在他搖晃在一個破敗的村子邊,覺得自己快要餓死的時候,眼前突然出現了一棵結滿了紅柿子的柿樹。朱元璋便抃著力氣爬

◇秋

上樹，一口氣狂吞了好幾顆柿子，終於填飽了肚子，感覺活了過來，還在接下來的冬天裡，連原有的流鼻涕、嘴唇乾裂的毛病也沒有了。諺語「霜降吃柿子，不會流鼻涕」、「霜降食柿，嘴不開裂」，大約說的就是這種效果。

朱元璋沒有忘記救過他的柿。發跡後，某次帶兵途經那個村子，見那柿樹還在，連忙下馬，並解下身上紅袍，披在那棵柿樹上，將柿樹封為「凌霜侯」。明代學者趙善政將這個故事記錄在《賓退錄》中：太祖微時，行至一村，人煙寥落，而行糧已絕。正徘徊間，見缺垣有柿樹，紅熟異常，因取食之。後拔採石，取太平，道經此村，而柿樹猶在，隨下馬，解赤袍以被之，曰：「封爾為『凌霜侯』。」

民以食為天，「棗柿半年糧，不怕鬧饑荒」、「板栗柿子是鐵樹，穩收穩打度荒年」，都閃耀著柿的榮光。柿還與「事」、「世」諧音，人們便常用它來表達萬事如意、世代幸福的祝福。舊時婚俗和過年時，柿子都是必備祥果之一。

柿葉，成就一個「鄭三絕」

除了柿子，霜降時節變紅的柿葉，也流淌著明亮之光。

柿葉常常被稱為紅葉，被人們賦予綿長真情。

「秋灰初吹季月管，日出卯南暉景短。友生招我佛寺行，正值萬株紅葉滿。」唐代文學家韓愈在西元806年與右

補闕崔群一同遊覽長安城青龍寺之時,就在〈遊青龍寺贈崔大補闕〉中表達了對「萬株紅葉」的讚賞。宋代學者洪興祖對此的注釋是:萬株紅葉,謂柿也。也就是說,青龍寺的萬株紅葉就是柿葉。唐代詩人羊士諤在遊覽青龍寺時,也留下〈王起居獨遊青龍寺玩紅葉因寄〉以示喜歡:「十畝蒼苔繞畫廊,幾株紅樹過清霜。」

對於柿葉,古人很用心,他們常常收集柿葉,用來寫字,柿葉翻紅正好書呀!而且,這番用途,無論用上與否,都會收穫感嘆。瞧,北宋音樂家劉詵在〈山居即事〉中,為無人在柿葉上題詩而感嘆:「村墅薄生理,門靜如招提。柿葉大如扇,滿地無人題。」元末明初詩人高啟在〈楊氏山莊〉中,為柿葉能被盡情揮灑而感嘆:「斜陽流水幾里,啼鳥空林一家。客去詩題柿葉,僧來供煮藤花。」古人的雅趣,總是令人心生歡喜。

把柿葉用到極致的要數唐代文學家、書法家、畫家鄭虔,他曾用柿葉練習書法字畫,把長安城慈恩寺貯藏的數屋柿葉都用完了。他把題詩的書畫獻給唐玄宗,唐玄宗稱之為「鄭虔三絕」。

《新唐書・鄭虔傳》記載:「虔善圖山水,好書,常苦無紙,於是慈恩寺貯柿葉數屋,遂往日取葉肄書,歲久迨遍。

◇ 秋

嘗自寫其詩並畫以獻，帝大署其尾曰『鄭虔三絕』。」鄭虔終獲大成，草書達到了「如疾風送雲，收霞推月」的境界。以至於後來人們稱讚在繪畫、書法、詩詞三方面造詣極高的人，會冠以「鄭三絕」、「三絕鄭」之名。

更巧的是，墨，也在這般絕妙中，與柿葉非常相融。除了書寫的結合度很高之外，他們都可作藥用，都有止血功效。柿葉主要用來止咳定喘、生津止渴、活血止血等，尤其是霜降之後採收的柿葉，療效更好，可洗淨晒乾，研細過篩內服、外用。墨在古者以黑土為墨，字從黑土，辛、溫、無毒的墨至少在春秋戰國時就有了，在漢代得到一定的發展，至唐代達到鼎盛。宋代醫藥學家馬志、劉翰編著的《開寶本草》記載，墨能夠「止血，生肌膚，合金瘡」，金瘡即常見的刀槍傷，在古代墨對於行軍打仗很有意義。

所以，無論品種、類型、模樣都不屬於同種類別的柿葉和墨，相依在彤紅的流光中，真是妙不可言，簡直有渾然天成、珠聯璧合的意味。自然，他們被相愛的人們寫就了情書。飽蘸一毫濃墨汁，傾注款款紅葉中，好一份紅黑相間的「世世」濃情啊！柿子都由此被賦予了嶄新的精神意義，那圓圓紅紅的，不也有點像「心」嗎？

闊大肥厚的紅葉啊，唯願真心永流傳。

柿畫，飄洋過海「六柿圖」

把柿定格在丹青中，也藏有火紅的風采。

從宋代開始，至元代、明代、清代，柿畫越來越被人們所喜愛。

從現有史料看來，最早的柿畫，應該是南宋畫家牧溪的〈六柿圖〉。機趣四伏、古意四溢的〈六柿圖〉，是看上一眼，目光就不願挪開的。那著黑白色彩的六枚柿子，實為六種墨色，有的墨深，有的墨淺，有的是墨色框住的白。它們隨意地擺放著，緊湊舒緩、濃淡相宜、高低有致，於明暗虛實中，呈現出微妙的變化，散發著樸拙、靜遠、簡逸的氣息，令紅柿在一派墨色中靜止，愈久彌真。這就是靜物作品「隨處皆真」的境界啊！

牧溪，俗姓李，佛名法常，號牧溪，年輕時中過舉人，後出家為僧。他所在的萬年禪寺也有許多柿樹，霜降時節，他常常以柿就酒。據說他是性情爽朗、好飲酒、醉則寢、醒則朗吟之人。他畫六柿，諧音「六識」，禪意十足，即心智作用中眼、耳、鼻、舌、身、意這六種感覺在色、聲、香、味、觸、法這六種知覺上所產生的六種意識作用。六為陰之變，可變換角度看問題，於陰陽平衡中見真機。古人對於「六」，有特殊的感情，如《易經》中的六，還有六順、六神、六甲、六合、六親等詞，蘊含著各種含義。

◇秋

　　只是,牧溪的畫並不被中國人看好,反而被一些人評為「粗陋,無古法」。而當時來中國的日本留學生、僧人卻很喜歡他的畫,收藏了一大批並帶回了日本,其中就包括〈六柿圖〉。牧溪的畫以「清幽、簡當、不假妝飾」的特徵,在日本獲得了遠勝於故土的聲望、尊崇和理解。牧溪與南宋另一位畫家玉澗構成日本禪餘畫派的鼻祖,被稱為「日本畫道的大恩人」。當時日本幕府將收藏的中國畫按照上、中、下三等歸類,牧溪的畫被歸為上上品。

　　在日本畫界,牧溪的名字也經常和宋徽宗趙佶相提並論。趙佶在繪畫書法方面天賦異稟。據說在他出生之前,他的父親宋神宗夢到南唐後主李煜託生,「生時夢李主來謁,所以文采風流,過李主百倍」。李煜託生的說法固不足信,然趙佶也確實才氣逼人,他自幼愛好筆墨、丹青、騎馬、射箭、蹴鞠等,他提倡詩、書、畫、印結合,創作時常以詩題、款識、簽押、印章巧妙地組合成畫面的一部分,這也成為北宋之後歷朝繪畫藝術的傳統特徵。

　　「牆內開花牆外香」,牧溪的作品做如是形容最為恰當不過。當然,「牆外香」也是香。何況,真正打動人心的藝術,從來都不分國界,更無關時間。中國現代也終於有些評論家開始欣賞牧溪的畫了,他們從牧溪水墨簡筆中流瀉出來的靈悟,感受禪機無限。有評論家還說,談中國畫,僅談趙佶和

牧溪就可以了,其他的都只是點綴而已。

水墨皆禪,萬法唯心。也許,對牧溪而言,他從未定義自己是畫家,繪畫於他而言,不過是取代文字記錄與傳播他的世界觀和人生感悟的工具,他只是心中有道,順手畫柿,事事隨心。

〈六柿圖〉隱在這份清簡中,世世留香。

◇秋

冬

立冬品「蔗境」

立冬，是寒冷冬天的開始，俗稱「交冬」，意為秋冬之交。

諺語「立冬補冬，補嘴空」，說的就是立冬習俗，人們喜歡在立冬時節進食可以溫補驅寒的食物。

甘蔗即是「補冬」的美食之一，甘蔗性味甘、平、澀，甘味能補能緩。民間素來有「立冬食蔗齒不痛」的說法，意思是說立冬時的甘蔗已經成熟，這個時候食用甘蔗，既可以保護牙齒，不上火，又可以發揮滋補的作用。

於是，立冬吃甘蔗，甜蜜如蔗境，寒冬暖如春。

食蔗，漸入佳境

蔗境，由甘蔗的蜜甜而生。

這份蜜甜，來自甘蔗那似竹而內實的長莖中取得的汁液。那由生嚼、榨取、提煉等方式而得的汁液，好似瓊漿，以清芬不膩的滋味，深情舒緩地溢入咽喉，沁入心脾，甜入肺腑。

◇ 冬

　　自古食蔗者，始為蔗漿。戰國時期的楚國就已經能對甘蔗進行原始加工了。楚國詩人屈原《楚辭・招魂》中「胹鱉炮羔，有柘漿些」的「柘」，即通用蔗，「柘漿」是從甘蔗中取得的汁液。

　　「蔗境」一詞，來源於古人對甘蔗的吃法，即從甘蔗的末尾啃起，直到蔗頭為止。古人覺得這樣「倒啃甘蔗」，從甘蔗不太甜的一端吃到甜的一端，可以比喻先苦後樂、有後福，引申為人的晚年生活逐漸轉好之義。

　　把甘蔗吃成這種境界的代表人物是東晉藝術家顧愷之，他「每吃甘蔗，必從尾到頭」，並把這種吃法叫做「漸入佳境」。中國的二十四史之一《晉書》說：「愷之每食甘蔗，恆自尾至本。人或怪之，云：『漸入佳境』」。

　　北宋文學家蘇軾在〈甘蔗〉中說「老境於吾漸不佳，一生拗性舊秋崖。笑人煮簀何時熟，生啖青青竹一排」，也是借「蔗境」，來感嘆自己佳境已過、時運不佳。

　　不過，顧愷之的「漸入佳境」貌似缺少一個「度」。因為，準確地說，甘蔗的中段，才是甘蔗最甜最好吃的部分，甘蔗的頭和尾都不算甜；而且，甘蔗根部節短，吃起來費事，口感不好。從尾吃到頭或從頭吃到尾，都是從不太甜之處吃到最甜處、再吃到不太甜之處，「漸入佳境」之後，又「漸出佳境」。所以，蔗境不必用作引申，僅以甘蔗最甜的部

分,來合最好的境遇,就可以了。

實在想「漸入佳境」,也可以從尾部開始吃至接近頭部之處,或從頭部開始吃至接近尾部之處,捨棄一點頭、尾。捨得退讓,也可以漸入佳境。

有了分寸,甘蔗這種多年生甘蔗屬、多生長於熱帶和亞熱帶的高大實心草本植物,才會更加富有吸引力。要知道,甘蔗的甘甜美味,是上了雙保險的,一來名字中含有「甘」,可不就是甜嗎?二來甘蔗是脾之果,脾在酸、苦、甘、辛、鹹五味中,對應甘,甘味入脾,甜就是甘蔗的本性呀!除了美味,甘蔗還可作養生療疾之用:《名醫別錄》說甘蔗能夠「下氣和中,助脾氣,利大腸」,中國最早的醫藥學典籍《黃帝內經》也說甘蔗「甘溫除大熱」。

甘蔗還能消渴解酒,《漢書》云:「百味旨酒布蘭生,泰尊柘漿析朝酲。」酲(ㄔㄥˊ),酒醉之意。《日華子本草》也說甘蔗能「利大小腸,消痰止渴,除心胸煩熱,解酒毒」。

於是,進入南北朝時期,甘蔗已經是廣受歡迎的食材了。南朝和北朝隔江對峙時,南朝人食用甘蔗的多姿多彩令北朝人垂涎三尺。甘蔗的聲名不脛而走,成為中國北方瞻望中國南方的重要物象。北魏甚至明確要求劉宋王朝提供江南名產 —— 甘蔗及酒。

◇ 冬

　　然而，甘蔗雖可解酒，卻不宜與酒同食。唐代醫藥學家孟詵說「共酒食，發痰」；而且，《名醫別錄》將甘蔗列為中品，中品為臣，主養性以應人，無毒有毒，斟酌其宜，可遏病補虛羸。甘蔗也不宜多食。元代醫藥學家吳瑞說：「多食，發虛熱，動衄血。」

　　所以，食用甘蔗，也講究適宜有度。如此，蔗境方至。

儲蔗，榨汁為糖

　　甘蔗成為糖，也在剛剛好的蔗境裡。

　　蔗糖在中國的起源時間，最早的文字記載見於東漢學者楊孚在他寫的《異物志》中有一段描述：「（甘蔗）長丈餘，頗似竹。斬而食之，既甘，迮取汁如為飴餳，名之曰糖。」唐代之前的糖，是將甘蔗汁濃縮加工至較高濃度呈黏稠狀的液體糖甘蔗餳，是難得的奢侈品。

　　唐太宗李世民也喜歡吃糖。本來他舒舒服服地吃著甘蔗餳，感受著大唐之美。誰知印度使者又為他獻上以甘蔗汁加牛乳、米粉等製成的乳糖石蜜。李世民第一次吃到這樣的糖，忍不住兩眼放光，表情甜如蜜，真是太好吃了！李世民下定決心，一定要把製作方法學回來，滿足「大糖」需求。他派人到印度學習先進的熬糖法，之後傳令揚州地區如法炮製，結果所產的糖，味道勝過了印度糖。記載唐朝歷史的紀傳體史書《新唐書》說：「（摩揭陀）遣使者自通於天子，獻

波羅樹，樹類白楊。太宗遣使取熬糖法，即詔揚州上諸蔗，拃沈如其劑，色味愈西域遠甚。」

人生真是太美妙了，你永遠都不知道前方有多少美味在等著你。而唐代以胖為美，不知是不是因為愛糖所致？

愛吃會吃的宋人當然也不會放過糖。宋人王灼撰寫的《糖霜譜》，把製糖的甘蔗也說得清楚：「蔗有四色：曰杜蔗，即竹蔗也，綠嫩薄皮，味極醇厚，專用作霜；曰西蔗，作霜色淺；曰芳蔗，亦名蠟蔗，即荻蔗也，亦可作沙糖；曰紅蔗，亦名紫蔗，即昆侖蔗也，止可生啖，不堪作糖。」

王灼是遂寧府小溪縣（今四川省遂寧市船山區）人，出身貧寒，青年時代曾到成都求學，後往京師應試，雖學識淵博卻考場失意，終未入仕。一生流落江湖，寄人籬下，做舞文弄墨的吏師。晚年閒居成都和遂寧潛心著述。王灼的著述，涉及諸多領域，在中國文學、音樂、戲曲和科技史上占有一定地位，被後人稱為科學家、文學家、音樂家。他寫的《糖霜譜》是世界上第一部完備地介紹糖霜生產和製造工藝的科技專著，共分為七篇，他在第二篇中寫道：「傘山在小溪縣，涪江東二十里，孤秀可喜。山前後為蔗田者十之四，糖霜戶十之三。」可見當時在王灼的家鄉小溪縣傘山一帶，種甘蔗、製蔗糖是相當普遍的。

取甘蔗汁液可以加工成蔗糖、沙糖、石蜜、冰糖等不同

◇ 冬

形式。吳瑞說：「稀者為蔗糖，乾者為沙糖，球者為球糖，餅者為糖餅。沙糖中凝結如石，破之如沙，透明白者，為糖霜。」李時珍說：「石蜜，即白砂糖也。凝結作餅塊如石者為石蜜，輕白如霜者為糖霜，堅白如冰者為冰糖。」

王灼活了八十歲，在宋代算是絕對的高齡，也許正是得益於他的家鄉多產甘蔗和糖的緣故吧！甘蔗和糖，帶給王灼的，是甜蜜的慰藉。

可惜，時至今日，糖再也不是人們求之若渴的奢侈品，反倒成了營養過剩的人們唯恐避之不及的食材。或許，這也是一種進步。

用蔗，殆不可杖

甘蔗可以拿來當作劍使用，也許是另一種蔗境。

當然，這是有一定難度的。

甘蔗節節向上生長，「頗似竹」，西晉時期文學家、植物學家嵇含將甘蔗稱作「竿蔗」，謂其莖如竹竿。但甘蔗不像竹子那樣堅韌，沿枝節稍微施力，很容易將其折斷。因此，將甘蔗使出劍的效果，絕對是一般人難以達到的境界，而非常喜歡吃甘蔗的魏文帝曹丕卻做到了。

西晉史學家陳壽在《三國志‧文帝紀》中注引曹丕〈自敘〉，記載了曹丕的這則軼事。

立冬品「蔗境」

　　立冬時節，曹丕常常一邊與大臣議事，一邊嚼食甘蔗，吞飲甘蔗汁。有一天，他和帳下兩員大將劉勳、鄧展一起喝酒、吃甘蔗、談論劍術。藉著酒興，曹丕和鄧展決定以甘蔗代替寶劍來比試武藝。比賽結果，鄧展不僅沒能奪下曹丕手中的甘蔗，手臂還被接連擊中三次。「時酒酣耳熱，方食芊蔗，便以為杖，下殿數交，三中其臂，左右大笑。」鄧展不服，要求再比一場。這回曹丕誘敵深入，迅速出擊，用甘蔗擊中鄧展額頭，把在場人全震住了。

　　想來，這個故事的真實性值得推敲，其中存在兩處疑點：一是鑒於曹丕的特殊身分，鄧展會不會為了拍他的馬屁，一直讓著他，故意被他「刺」中？二是故事的來源是曹丕〈自敘〉，他會不會只是自吹自擂而已，真實情況並不是這樣？假如真是鄧展拍馬屁，能讓「被拍者」入戲這麼深，那真是拍出了水準，算是秋水無痕。如果能排除這兩個因素，曹丕和鄧展就真是把甘蔗吃出了境界、用甘蔗打出了境界，可謂蕩氣迴腸。

　　曹丕之前的西漢文學家劉向是不喜歡此類境界的，他在〈杖銘〉中寫道：「都蔗雖甘，殆不可杖。佞人悅己，亦不可相。杖必取便，不必用味。士必任賢，何必取貴。」大意是：大的甘蔗雖甜，但絕不能當手杖來用；小人的話雖然使你聽了很高興，但這種人絕不能用來做你的助手；手杖還是得用

◇ 冬

方便的材料，而不是用滋味好的；用人一定要用有才能、有高尚品德的人，而不必在意他的地位是否尊貴。

這些話看起來好像是對甘蔗有些貶義，卻富含人生哲理，千百年來一直被人們稱道。另外，「蔗」被古人從其外貌和生長方式而衍生的說法，也似乎隱有貶義，如北宋政治家呂惠卿說：「凡草皆正生嫡出，唯蔗側種，根上庶出，故字從庶也。」

然而，這只是人類的推理，與甘蔗無關。甘蔗仍是甘蔗，蜜甜、筆直、大氣，至於是不是被人們當成劍或手杖，甘蔗也絲毫不會在意。用材失當，錯不在甘蔗，而在人。

甘蔗更喜歡的，是唐代詩人王維〈敕賜百官櫻桃〉中的那種意境：「飽食不須愁內熱，大官還有蔗漿寒。」跟櫻桃在一起，甘蔗才心曠神怡。

櫻桃，非桃類，以其形肖桃，顆如瓔珠（瓔即像玉的石頭），又屬於落葉小喬木，故人們將瓔改為櫻，取名櫻桃；因為雲鶯所含食，又名鶯桃、含桃。初春的時候，櫻桃開出白花，繁英如雪，純美如畫。它不但自己美，還能讓別人美，《名醫別錄》將它列為上品，說它可以「調中，益脾氣，令人好顏色，美志」。上品為君，主養命以應天，無毒，多服，久服不傷人，欲輕身益氣，不老延年者，本上經。所以，食用了櫻桃的人們，臉色紅潤光滑，透著自然的光澤，

掛著櫻桃一樣明媚美好的笑容。

不過，櫻桃雖然味甘，但是性熱，故不可一次食用太多。因此，人們喜歡在食用櫻桃之後，再飲一些甘蔗汁，以瀉火熱。甘蔗就這樣與櫻桃配伍，相輔相成，相知相映，彷彿高山流水，共同演繹著心靈的樂章。

沒有攻擊、打壓、抱怨、傷害，唯有蜜甜，才是甘蔗喜歡的生活。

小雪，絕甘兮少品荸薺

「滿城樓觀玉闌干，小雪晴時不共寒。」

小雪時節的到來，意味著冬季降雪即將拉開大幕。明代園藝學家王象晉編撰的《群芳譜》曰：「小雪氣寒而將雪矣，地寒未甚而雪未大也。」元代理學家吳澄編著的《月令七十二候集解》云：「十月中，雨下而為寒氣所薄，故凝而為雪。小者未盛之辭。」

節氣中的「小雪」與日常天氣預報所說的小雪意義自有不同：一個是氣候概念，指這段時間即將開始下雪的氣候特徵；另一個則是指從天而降、強度較小的雪。

小雪時節，荸薺大量上市。在歷史上，這種尋常百姓家的美食，與一個「絕甘兮少」的生僻成語密切相關。

◇ 冬

天然之珍

荸薺，最早跳躍在古代雅士的言笑晏晏中。

它的溫潤、清甜、滋潤、玲瓏，常常被描繪得形象生動。熱愛美食的北宋文學家蘇軾就把與它共度的好時光傳播得興致盎然。某一年小雪時節，他在遊覽山水的途中經過一片稻田，突然看見平時喜愛吃的荸薺，便馬上想解解饞。他蹲下身挖了一些荸薺，在水塘中洗淨，用衣襟兜著，找到附近的寺院，借用寺院的灶火煮熟，剝皮去蒂後，美美地吃了。吃完後，他還意猶未盡，寫信給朋友傾訴美味：「今日食薺極美，天然之珍……君若知此味，則陸海八珍皆可厭也。」

作為莎草科荸薺屬植物荸薺的球莖及地上部分，荸薺確實有著天然之美。那地上部分即青綠的幼苗嫩碧可愛，在夏天長出，一莖直上，沒有枝葉，和蔥、蒲有幾分像。泥裡的根在秋後結成果實即球莖，白嫩如脂，爽雋可人，人們一般也直接把果實稱為荸薺。果實扁圓形的樣子還有點像馬的蹄子，荸薺因此又被叫作馬蹄。馬蹄是古代閩、粵方言對荸薺的俗稱。閩、粵方言習慣將果子一類東西統稱為「馬」，再在「馬」字後面加上具體某種果子的名字，例如桃子常發音為「馬桃」，意為桃樹的果子。「馬蹄」中的「蹄」又指地下，意思是「地下的果子」。荸薺也被叫做地栗，還有烏芋、菩薺之稱。

生在水田的荸薺，也是天然的糧食。尤其是在青黃不接的災荒年，荸薺可用來充糧救荒。明代學者王鴻漸在〈題野荸薺圖〉中，借造物之奇妙，來感嘆荸薺的天然之用：「野荸薺，生稻畦，苦薅不盡心力疲。造物有意防民飢，年來水患絕五穀，爾獨結實何纍纍。」縱使稻穀受災，同在田裡的另一樣作物荸薺，都能結實纍纍，供人充飢。

性味甘、寒、滑的荸薺，還是天然的滋補、療疾佳品。食用荸薺，既可清熱瀉火、生津潤肺、消癰解毒、開胃消食、利尿通便、化溼祛痰、安神明目，又可補充營養。《名醫別錄》說荸薺能夠「消渴痹熱，溫中益氣」，唐代醫藥學家孟詵說荸薺能夠「下丹石，消風毒，除胸中實熱氣。可作粉食，明耳目，消黃疸」。

荸薺中的蛋白質和碳水化合物含量比較豐富，但熱量卻不是很高，非常適合在小雪這樣的初冬時節養生食用。如果在這個時節中出現因進補過多而引發的內火上揚和營養過剩，或秋季燥火在體內還沒有完全消散而留有上火症狀的話，那麼食用荸薺效果就更好了，荸薺可以幫助身體清理內熱。

於是，趁盛大的寒冷未至、盛大的雪事未臨，而北風日緊、寒氣漸襲之時，適量地吃點荸薺吧！有了荸薺，即使是冬風，也令人感到神清氣爽。

◇冬

絕甘兮少

把芋薺吃出深意的，要數東漢末年謀士龐統了。

芋薺是龐統愛吃的食物，也是他用來款待客人的良蔬佳果，還與「絕甘分少」這個詞搭上關連。不過，如今來龐統曾經的居留地鳳雛庵參觀的人，只能在大門上看到「絕甘兮少」這四個字，而一字之差，個中卻大有來頭。

鳳雛庵位於湖北省赤壁市金鸞山上，龐統當年曾在此耕讀，芋薺是他種在水田中的作物之一。芋薺不會大面積繁殖，產出的果實數量並不多，可供龐統食用的也不多，但只要有朋友光臨，龐統便傾其所有，盛情款待。諸葛亮、周瑜、魯肅、闞澤等人就是常來龐統家聚會的朋友。那味甜多汁、清脆可口、香芬怡人的芋薺，讓他們大快朵頤，讚不絕口。有一天，也是小雪時節，大家酒足飯飽，心情舒暢，覺得像龐統這樣慷慨大度的人太少了，都不約而同地想到了「絕甘分少」這個褒義詞，這個詞常用來形容人刻苦、克己，自己不圖享受，卻把為數不多的好東西分享給別人，有時也引申為「卓爾不群」之意。大家便一致推舉諸葛亮執筆題寫這四個字贈予龐統。

「絕甘分少」出自西漢史學家、文學家、思想家司馬遷的〈報任安書〉，是司馬遷在漢武帝面前為將士李陵辯解時的用詞：「（愚）以為李陵素與士大夫絕甘分少，能得人之死

力,雖古之名將,不能過也。」當時,李陵奉漢武帝之命出征匈奴,率不足五千步兵與八萬匈奴兵戰於浚稽山,因寡不敵眾,兵敗投降。司馬遷雖與李陵非親非故,但出於公心,認為李陵投降也是迫於無奈,並用「絕甘分少」來讚揚李陵的為人。

諸葛亮很清楚這個典故,應大家要求提筆前,他建議將「絕甘分少」的「分」改成「兮」,變成「絕甘兮少」。他認為稍改一字,更能表達龐統的與眾不同。大家拍手稱妙。諸葛亮便握緊狼毫,一揮而就。

作為生僻詞,「絕甘分少」、「絕甘兮少」都沒有被字典和詞典收錄。諸葛亮把「絕甘分少」改為「絕甘兮少」,除了讓其成為一個表達謝意的感嘆詞之外,可能還隱約含有一個願望,希望龐統不會像李陵、司馬遷那樣遭逢不幸。當年,李陵因投降及接踵而至的「替匈奴練兵」之傳言,被漢朝夷三族,母弟妻子皆被誅殺。司馬遷也因為在漢武帝面前為他講了話而被判處下獄,並施以「腐刑」這樣「最下等的刑罰」。司馬遷是為了完成《史記》這部「史家之絕唱」,才忍著奇恥大辱活下來的。據說,《史記》完成後,司馬遷也不知所終。

只是,「絕甘分少」也好,「絕甘兮少」亦罷,似乎,也都只能成為絕唱。

◇冬

卓爾不群

「絕甘分少」、「絕甘兮少」都含有卓爾不群之意。卓爾不群的人或物，自然有緣。

作為讓龐統與「絕甘兮少」牽繫的「仲介」，荸薺也有卓爾不群的特質：除了那不斷撫慰人心的美味，還內含時時令人警醒的毒性。

荸薺的毒性和美味一樣，都非同一般、不容小覷。荸薺生長在水田、池沼等低窪處，聚集了大量有害有毒的生物廢物和化學物質，特別是果實與根莖的連接點，即果蒂，以及赤褐色或黑褐色的外皮上，更是含有大量寄生蟲和毒素。因此，它的蒂和皮是不能食用的；而且，荸薺又屬於寒涼滑利之品，脾胃虛寒、血虛血瘀和小兒遺尿、糖尿病患者都不宜食用。女子月經期和懷孕期是禁止食用的，因為荸薺能促使子宮收縮，會有使得經量減少和誘發流產的可能。《名醫別錄》將荸薺列為中品，中品為臣，主養性以應人，無毒有毒，斟酌其宜，欲遏病補虛羸者，本中經。孟詵也特別說明：「（荸薺）性冷。先有冷氣人不可食，令人腹脹氣滿。小兒秋月食多，臍下結痛也。」

龐統當然了解荸薺，他從不主張女性家眷食用，只在荸薺果實成熟的時候，小心地把荸薺挖出來，削去蒂和皮，用井水洗淨後，精心烹製，泡成茶飲、煮成菜餚、製成糕點，

當飯後零食、作酒後解酒點心等。他以切成碎丁狀的荸薺，加上切成短絲狀的芹菜、百合、紅蘿蔔做佐菜，與切成片狀的主菜豬肉同炒，做出的葷素搭配、色香味俱全的熱菜，特別受家人歡迎。龐統的這些烹飪、加工和食用方式，既發揮了荸薺的功效，又不讓荸薺的毒性影響到身體。

或許，這就是人和食物之間，因為「絕甘兮少」的共性，而產生的一種惺惺相惜吧！龐統有著超常智慧和雄才大略。早年，郡府任命他做功曹這個主管考察和記錄業績的官職。他樂於培養別人的聲望，對別人的評論和稱讚，往往超過那人的實際才幹和成績。有人覺得很奇怪，問他為何這樣做，他回答說：「當今天下大亂，正道遭受破壞，善人少而惡人多。如果有人想要改善風俗，弘揚道義，不抬高他的聲譽，那麼他的名聲就不值得人們仰慕，這樣一來做善事的人就更少了。我現在評論人，即使是褒揚的十項中有五項失實，也還有一半是真實的，可以用來推崇道義，使有志於行善的人得到激勵，這不是值得做的嗎？」

可惜，「絕甘兮少」也沒有讓龐統的命運變得更好。他在少年時期，因為魯鈍樸實，沒有什麼聲譽，直到獲得當時善於鑑別人品的司馬徽的稱讚之後，名聲才逐漸顯現。赤壁之戰時，龐統親赴曹營獻連環計，幫助孫、劉聯軍火攻曹營，取得勝利。不過，龐統雖然得到認可，卻因相貌不佳等

◇冬

因素,投奔到孫權帳下時並不被重用。

他好不容易成為劉備帳下重要謀士,與諸葛亮同拜為軍師中郎將,成為與諸葛亮「臥龍」齊名的「鳳雛」,卻還來不及更多地施展才華,就在圍雒縣率眾攻城時,不幸中流矢而亡,生命停止在三十六歲。

「造物忌多才,龍鳳豈能歸一室;

先生如不死,江山未必許三分」,

鳳雛庵內空留下這副對聯。

唏噓,只能唏噓。那個冬日,我遊覽赤壁時,不禁這樣感懷。我在鳳雛庵附近徘徊良久,那掛在右側廂房門楣上的「絕甘兮少」、那供奉著龐統畫像的神龕前之對聯、那周邊的山野田地,都在我的目光裡,漸漸生出模糊又潮溼的光。我沒有找到荸薺,卻清晰感覺到它的存在。莫非,荸薺早就以它寒涼之性味,暗示了龐統令人心生寒意的人生際遇嗎?

而荸薺,也許更加適合,靈動在祥和酣暢的觥籌交錯中,令天下暖,令眾生歡。

大雪無痕,橘香千年

「大雪,十一月節。大者,盛也。至此而雪盛矣。」

大雪節氣的到來,表示天氣將越來越冷,降雪的可能性

增大,且因晝夜溫差大,人體更需要補充水分、維生素、蛋白質和易於消化的食物。此時大量上市的橘,最甜最鮮,是最適宜的美食。

而當天空飄雪,那橘的深情、高貴、堅守,便和著紛飛的雪花,構成天地間一幅純美圖畫。

大雪無痕,橘香千年。

奉橘遺親

「江南有丹橘,經冬猶綠林。豈伊地氣暖,自有歲寒心。」

橘,在日漸寒冷的大雪時節,透出一番溫暖的光景。

喜歡看橘樹沉甸甸的模樣,喜歡把圓圓的、黃黃紅紅的橘子,捧在手心裡,將橘皮輕輕剝開來,把連著橘皮裡面脈絡的橘肉,一瓣一瓣地吃。

品橘時,有時會不自覺地想起一些人,記起一些事。

陸績(約西元 188～219 年)會出現在念想中。他是東漢末年吳郡吳縣(今江蘇蘇州)人,廬江太守陸康之子,作為三國時期吳國大臣,陸績與橘的淵源,從六歲那年就開始了。

《三國志·吳志·陸績傳》說,陸績的父親陸康與袁術很熟。一次,六歲的陸績到袁術家做客,袁家以橘子等果品相待。其間,陸績趁主人不注意,悄悄拿了兩個橘子藏在懷

◇ 冬

裡，打算帶回家讓母親嚐嚐。告辭時，陸績向袁術彎腰作揖致謝，不小心使藏於懷裡的橘子滑落到地上。袁術便向陸績問緣由。陸績羞愧不已，當即跪下據實以答：「吾母性之所愛，欲歸以遺（ㄨㄟˋ）母。」袁術聽後深為感動。由此，「懷橘遺親」成為古人思親、孝親之典故，並被列為古代「二十四孝」之一。真乃「孝順皆天性，人間六歲兒。袖中懷綠橘，遺母事堪奇」。

《二十四孝》全名《全相二十四孝詩選集》，是元代學者郭居敬（一說是其弟郭守正）編撰的歷代二十四個孝子行孝的故事集，是中國古代宣揚儒家思想及孝道的通俗讀物。書中所載孝子所處環境不同、際遇不同，故事也各不相同，但都圍繞「孝」作文章。在今天看來，書中故事有的可圈可點，也有的過於誇張。如「臥冰求鯉」，為了幫病中的繼母弄條鯉魚，在冰天雪地裡竟然脫了衣服躺到冰面上用體溫去化冰，這不是愚蠢又是什麼？還有的純屬糟粕，如「埋兒奉母」，為了讓母親多一口吃的，竟然以「兒可再有，母不可復得」為由，連三歲的親生兒子都要埋掉，更是愚孝至極，有失人性。若不是挖坑時撿了塊金子，從此過上「幸福日子」，那果真就埋了兒子了，也不知活著的母親面對「多出來的一口」能吃得下去不？

「懷橘遺親」應該是「二十四孝」中最可靠的故事之一。

橘子口味酸甜、營養價值高，六歲的陸績在外看到橘子，就想著帶給母親吃，確實孝心可嘉，也符合這個年齡層孩子的本性。怪不得舉孝廉出身的袁術也「大奇之」。

不過，陸績雖然出名很早，卻是三國人物中很冷門的一個，在《三國演義》中僅出現於「舌戰群儒」一幕，還只是相當於半個丑角而已。他是主張歸降的東吳文臣當中的一員，和周瑜、魯肅等抵抗派針鋒相對。諸葛亮舌戰群儒時，陸績貶低劉備，稱其「只是織席編屨之夫耳」，諸葛亮便拿出他「懷橘」之事來還擊，意指其「竊橘」，洋洋灑灑說了一大段之後，還不忘來一句：「公小兒之見，不足與高士共語！」把陸績嗆得一時語塞。

其實，這只是《三國演義》為了突出諸葛亮的「光輝」形象而做的藝術處理。俗話說：「三歲看大，七歲看老。」六歲的陸績是為了孝母而「懷橘」，還是為了多吃而「竊橘」，透過他長大後的為人和為官，自有公論。

橘子，也從那時起，伴隨陸績一生。

橘枳之辯

原產於中國南方的橘，早在陸績出生前 700 多年的春秋晚期，就笑靨如花地開始了自己的故事：「南橘北枳」。晏子，是故事的主角。

◇ 冬

　　身為春秋後期齊國政治家、思想家、外交家，晏子為齊國立下不少汗馬功勞。晏子原名晏嬰，齊國夷維（今山東高密）人，西元前 556 年，其父晏弱去世後，繼任齊卿，歷任靈公、莊公、景公三世。相傳晏子身材不高，貌不出眾，《晏子春秋‧內篇雜下》記載了「晏子使楚」的故事，楚王設局，一再嘲弄他。進城門時，楚人嫌他矮小，只為他開邊上的小門，晏子不肯進，說：「使狗國者從狗門入，今臣使楚，不當從此門入。」迎他的人只好開大門，讓他進來。晏子見到楚王後，楚王說：「齊國沒人了嗎？怎麼讓你擔任使者？」晏子說：「齊命使，各有所主。其賢者使使賢王，不肖者使使不肖王。嬰最不肖，故宜使楚矣。」

　　楚王請晏子喝酒，兩個小吏按照先前設計的「劇本」故意綁了一個人進來。楚王問：「被縛者何人？」吏說：「齊人，因為偷盜。」楚王對晏子說：「齊人都擅長偷盜嗎？」晏子即說了那段著名的話：「嬰聞之，橘生淮南則為橘，生於淮北則為枳，葉徒相似，其實味不同。所以然者何？水土異也。今民生長於齊不盜，入楚則盜，得無楚之水土使民善盜耶？」一連輸了三個回合，楚王只好笑著圓場：「看來聖人不能隨便開玩笑，我反而自討沒趣了。」此後將晏子尊為上賓。

　　枳和橘同屬藝香科植物，但兩者的葉、花、果都有區別。枳的果實酸苦而澀，不能食用，卻跟橘一樣，性溫而能

做藥用。枳的舒肝止痛、破氣散結、消食化滯、除痰止咳等功效和橘的舒肝理氣、補血健脾、和胃生津、潤肺清腸、除燥利溼等功效也有些類似。枳和橘都喜歡溫暖溼潤的環境，但枳較耐寒，橘不耐寒。

枳在中國北到山東、陝西、甘肅，南到湖南、湖北、江西甚至廣東、廣西的大多數省區都有分布，可謂淮南淮北都有枳，不存在「橘生淮南則為橘，生於淮北則為枳」的可能，最大的可能是「橘生淮南為橘，生淮北則亡」，「枳生淮北為枳，生淮南亦為枳」。

典故「南橘北枳」，只能反映晏子的足智多謀和滔滔辯才，以及一點狗屎運。倘若楚王知道枳的分布，知道「枳生淮南還是為枳」，完全可以用這句話來應對：「齊人至楚，猶枳至淮南，賊性難改，與水土何干？！」

晏子之後200多年，橘被楚國士大夫屈原以一首〈橘頌〉再次拉進歷史的目光中：「后皇嘉樹，橘徠服兮。」其時，屈原遭讒被疏，賦閒在郢都，面對美麗動人的橘，想到晏子「橘生淮南則為橘，生於淮北則為枳」的典故，感慨橘「受命不遷，生南國兮。深固難徙，更一志兮」的高潔本性，揮筆成詩，也開創了中國詠物詩的先河。

屈原當過左徒、三閭大夫，曾極力推行改革，由於觸犯了既得利益者，故而在大多數時間裡，不是被流放，就是走

◇ 冬

在被流放的路上。而他那顆想為國效力的拳拳之心又從未改變，一直盼望著能被楚王召回，以至於西元前 278 年，當他聽說楚國都城被秦軍攻破，頓覺萬念俱灰，投汨羅江自盡，以身踐行了「行比伯夷，置以為像兮」的理念。伯夷是商末孤竹國人，商亡後不肯食周粟，最終跟弟弟叔齊一道餓死在首陽山上。

和陸績一樣，屈原也得了橘的成全。

橘井廉石

陸績，除了是一個「懷橘」的孝子，還是一個知名的清官。他的事蹟至今仍是為官清廉的教材。

因為陸、孫兩家的恩怨，孫策死後，孫權對秉性剛直的陸績頗為忌憚，屢屢打壓，於是派陸績去偏遠的鬱林郡（約今廣西貴港市）為太守。當時，鬱林是蠻荒之地，氣候酷熱、環境惡劣、瘴疫流行、條件艱苦。陸績上任後，走遍山山水水，了解民情、體察民生。他發動民眾在南江村建築郡城，並在南江上黃屯鑿井，以提高飲水品質和改善生活條件，減少疫病傳播。陸績在鬱林 8 年，不但愛惜民力、輕徭薄賦，讓州郡得治，還嚴於律己、清正廉潔，深得百姓愛戴。在此期間，陸績的幼女出生，他特地為她取名鬱生，以表達對這片駐地的熱愛。

大雪無痕，橘香千年 ◇

　　陸績卸任時，準備從海路返回故鄉吳郡，與別的太守離任時滿載而歸不同，他除了隨身帶了幾箱書和簡單的行李之外，再無他物。船伕見貨物太輕，吃水太淺，擔心安全不肯開船。於是陸績上岸買了兩大甕鹹菜和一擔筍乾壓船，但船還是吃水太淺。而陸績所帶銀兩無多，情急之中見到岸上有一巨石，打聽到是無主之石後，便請人搬上船壓艙，方得以順利地從廣西沿著海岸線，一路航行到吳郡華亭。此事令陸績千古流芳。後人作詩讚曰：「鬱林太守史稱賢，金珠不載載石還。航海歸吳恐顛覆，載得巨石知其廉。」

　　那塊壓艙巨石，現保存在蘇州文廟碑刻博物館中，成公正廉潔的象徵。那是一塊極為普通的花崗岩，高約 2.5 公尺，厚六 60 多公分，寬將近兩公尺。陸績回到家鄉後，捨不得丟棄，將它安置在老宅院中，和他以前栽種的橘在一起。

　　想來，那麼大那麼重的一塊石，得多少人合力才能搬上船呀？而以如泰山一般厚重的石，來喻兩袖清風，更是意義非凡。千餘年後（西元 1496 年），明代監察御史樊祉到蘇州，命人將這塊石從陸績舊宅移至城中察院場新建的亭中，令人刻上「廉石」兩字，並著以紅色。清代康熙四十八年（西元 1709 年），蘇州知府陳鵬年將石移入蘇州文廟之內。

　　陸績取石之地，被稱為「廉石大埠」，今存遺跡。陸績

◇冬

和橘，也始終沒有分離。陸績在鬱林南江村留下的井，被稱為「陸公井」，五代時南漢貴州判史劉博古在井邊栽橘一棵，陸公井又被稱為橘井、懷橘井，此地地名也被定為懷橘坊。清代光緒三十四年（西元 1908 年），時任知縣的東莞人蔣航將這一地帶定名為「橘井名區」，牌樓至今尚存。

橘，一直陪伴和見證著井、石，成為一種情操，妥貼安然地度過一個又一個大雪時節。

蠟梅：凌寒迎冬至，無關臘和梅

「西北風襲百草衰，幾番寒起一陽來。白天最是時光短，卻見金梅競豔開。」

金梅即蠟梅。冬至一陽生，蠟梅迎風來。

早在 2,500 多年前的春秋時期，中國就已經用土圭觀測太陽，測定出了冬至。冬至是二十四節氣中最早定下的一個節氣。殷周時期規定冬至前一天為歲終之日，相當於春節，排在二十四節氣的首位，被稱為「亞歲」。民間也有「冬至大如年」之說。

冬至日是一年中白晝時間最短的一天，自冬至起，白晝一天比一天長，陽氣回升，下一個循環開始。古人認為，冬至乃大吉之日也。

蠟梅：凌寒迎冬至，無關臘和梅

蠟梅，即攜金黃潤澤的色彩、精巧有型的姿態，與大吉之冬至，相映成輝。

蠟梅不是「臘」

蠟梅好像天生為冬至而生。

一朵朵金雕蠟鑄般的黃色小花，綴在纖細疏散的灰褐色枝幹上，迎著風雪，耐著寒霜，溢著清香，以一派「枝橫碧玉天然瘦，蕾破黃金分外香」的清姿麗質，令吉祥之冬至，更具深意。

人們很早就對蠟梅另眼相看了。它的點點澄澈金黃，珠圓玉潤，玲瓏歡喜，於君子而言，猶如貼身的環珮；於佳人而言，恰似依鏡的容妝。從中國陰陽五行學說來看，它的黃，在五色「青、赤、黃、白、黑」裡，配五行「木、火、土、金、水」中的「土」和五方「東、南、中、西、北」的「中」，居中，屬土，含尊貴之意。黃色，也是歷代皇帝都喜愛的顏色。

唐代以前，幾乎沒有「蠟梅」一詞之說，至北宋元祐年間之前，蠟梅都被稱為黃梅、金梅，「蠟梅」之名大約是北宋京洛一帶的人所取的，經北宋文學家蘇軾、黃庭堅的闡釋後定名。

蘇軾說蠟梅「香氣似梅，似女功撚（ㄋㄧㄢˇ）蠟所成，因謂蠟梅」，他在〈蠟梅一首贈趙景貺〉中寫道：「天工

◇ 冬

點酥作梅花，此有蠟梅禪老家。蜜蜂採花作黃蠟，取蠟為花亦其物。」黃庭堅也在〈出禮部試院王才元惠梅花三種皆妙絕戲答三首〉的卷首自注，表達了與蘇軾相同的意思：「京洛間有一種花，香氣似梅花，亦五出，而不能晶明，類女功撚蠟所成，京洛人因謂『蠟梅』。」

蠟梅的蠟專指蜜蠟、蜂蠟等物，用以形容蠟梅花瓣呈黃色、質地油亮光潤似蠟一般。蠟梅之「蠟」，乃蜂蠟、黃蠟之「蠟」。

「蠟」的異體字為「蜡」（ㄓㄚˋ），意思為一種年終祭祀。而在古代農曆十二月，還有一場合祭眾神的重大祭祀，叫做臘（ㄌㄚˋ），由於臘是在一年中最後一個月舉行，這個月分往往被稱為臘月。秦朝之後，兩種祭祀慢慢合併為一了，曹魏時期古漢語訓詁學家張揖撰寫的《廣雅》裡記載了這種風俗：「周曰蜡，秦曰臘。」

所以，蠟梅不是「臘」，只是由於花期橫跨了臘月，才跟「臘」扯上關係。寫成「臘梅」，是訛傳的結果。南宋詩人王十朋以一首〈蠟梅〉，肯定了蘇軾和黃庭堅的定名之功：「蝶採花成蠟，還將蠟染花。一經坡谷眼，名字壓群芳。」「坡谷」即蘇東坡和黃山谷。蘇軾，字子瞻，號東坡居士；黃庭堅，字魯直，號山谷道人。《廣群芳譜・花譜二十・蠟梅》引用明代學者王世懋（ㄇㄠˋ）的《學圃餘疏》，進一步為蠟梅正名：

蠟梅：凌寒迎冬至，無關臘和梅

「考蠟梅原名黃梅，故王安國熙寧間，尚詠黃梅，至元祐間蘇黃命為蠟梅。人言臘時開，故名臘梅，非也，為色正似黃蠟耳。」王安國是王安石的弟弟，二人同為北宋政治家。

冬至，且記蠟梅開。

蠟梅不是梅

古往今來，很多人把蠟梅與梅混為一談。其實，蠟梅不是梅。蠟梅與梅，是兩個不同的物種。

蠟梅是蠟梅科蠟梅屬落葉灌木，高達四公尺，常叢生；梅是薔薇科李屬小喬木或稀灌木，高四至十公尺。蠟梅花是黃燦燦地令人眼前暢然一亮；梅花是紅、粉紅、粉白得令人心頭詩意噴薄。蠟梅花「蠟」質感強、花瓣比較硬而數量較多；梅花「紙」質感強，花瓣比較軟，一般為5片。蠟梅開在冬至時節，盛花期在臘月隆冬；梅則在開春開放，盛花期要晚兩個月，梅花一般在蠟梅花開之後，才接力綻放。蠟梅又稱寒梅、冬梅，為花中「寒客」；梅別稱春梅，是花中「清客」。

蠟梅與梅最大的相似之處，是都擁有令人心神蕩漾的香氣。也許，正是這一份合意投緣的香，加上花期接近的緣故，讓蠟梅的名字中含了「梅」，讓人們願意將它們混淆。但蠟梅之香更為濃烈，梅之香則更顯淡雅。香，也略有區別。

◇冬

　　蠟梅的美，令古人的冬天都是暖暖的。

　　黃庭堅也是這個感覺溫暖的古人之一。身為「蘇門四學士」之一，黃庭堅與張耒、晁補之、秦觀都遊學於蘇軾門下，黃庭堅還與蘇軾齊名，世稱「蘇黃」。蘇軾是最早肯定和宣傳「蘇門四學士」的人，他說：「如黃庭堅魯直、晁補之無咎、秦觀太虛、張耒文潛之流，皆世未之知，而軾獨先知。」

　　黃庭堅常常與蘇軾一同觀賞蠟梅。不過，他的觀賞還是有個問題，即前文中他在自注中說的蠟梅「五出」，即 5 片花瓣。但實際上，蠟梅不是 5 片花瓣，它以外輪小、中間大、內輪小的花瓣形狀，開出的花瓣數有時達 10 瓣至 20 瓣。

　　不知黃庭堅為什麼說蠟梅「五出」。想他和蘇軾能夠把「女功撚蠟」都觀察到，應該是觀察力較強的人，那麼，他是不小心把蠟梅和梅弄混了，還是眼疾導致他不能看清楚呢？

　　據史料記載，和蘇軾一樣，黃庭堅也有近視，還被時不時光顧的急性結膜炎、沙眼等小毛病困擾。急性結膜炎即人們通常所說的「紅眼病」，紅眼病的自覺症狀常常是眼部有異物感、燒灼感、並伴隨發癢和流淚等，沙眼的臨床表現也是有異物感，並有畏光流淚的現象、有較多黏液或黏液膿性分泌物等。這兩種眼疾都有傳染性，紅眼病尤甚。得紅眼病的時候，黃庭堅還經常去蘇宅串門子，紅眼病便輪流出現在蘇、黃之間。天性達觀的蘇軾還為紅眼病寫了小短文，如收

蠟梅：凌寒迎冬至，無關臘和梅

入《東坡志林》的〈子瞻患赤眼〉：「歲日，余患赤目，或言不可食膾。於余欲聽之，而口不可，曰：『我與子為口，彼與子為眼，彼何厚，我何薄？以彼患而廢我食，不可。』子瞻不能決。口謂眼曰：『他日我瘡，汝視物，吾不禁也。』」

翻譯成白話文，可以變得這樣有趣：新年第一天，我得了紅眼病。有人說，紅眼病患者忌食肉類，我本來想聽他的勸，我的嘴卻指責我說：「姓蘇的，我是你的嘴，他是你的眼，彼此同屬五官，地位相同，憑什麼那樣照顧他，單單虧待我呢？要是你因為眼有病而不許我吃肉，那我可不答應你。」我一聽，嘴的話有道理啊，就不知如何是好了。這時，我的嘴又對我的眼說：「眼啊，要是你讓我吃肉，那以後假如我有了病，隨便你怎樣看花花世界，我都同意，絕不向蘇老頭告你的狀喔。」

真是頗富天真爛漫之諧趣的段子啊，令人忍俊不禁。猜想黃庭堅看後一定會笑岔了氣。想想兩個男人，不時以一對像兔子眼睛一樣紅的眼睛互瞪，兼以樂呵呵地調侃，真是可愛得很。笑聲，會不會把蠟梅花的花瓣都震落了呢？

身為超級美食家，蘇軾自然也不放過蠟梅。他只要尋得蠟梅，除了作文讚賞之外，還會摘下一些，回家洗淨熬湯做菜吃。有時候，蘇軾還會將蠟梅花和甘菊、枸杞加在一起，以清水煮開，用水面上冒著的熱騰之氣，來薰蒸他那雙因為

◇ 冬

飽讀詩書而倍感疲乏的眼。

蠟梅花辛、溫、無毒,能夠生津、順氣,確實是可以食用的。但蠟梅的種子和果實有毒。種子可作為瀉藥,瀉腹的峻猛程度類似於巴豆。明代小說家吳承恩借豬八戒之口說出了巴豆之毒。在《西遊記》第六十九回「心主夜間修藥物,君王筵上論妖邪」中,面對準備用巴豆幫朱紫國國王治病的孫悟空,豬八戒特別提醒道:「巴豆味辛,性熱,有毒;削堅積,蕩肺腑之沉寒;通閉塞,利水谷之道路;乃斬關奪門之將,不可輕用。」

充滿情趣的眼和嘴,就這樣經蘇軾之手,得到了蠟梅的滋養。紅眼病和沙眼也都不會影響眼睛對蠟梅花瓣數目的觀察,近視把蠟梅花瓣數目看錯的可能性也不大。最大的可能是,在觀賞的某一天,黃庭堅是在一瞬間把梅花看成了蠟梅花並隨即記了下來。

因為,大多數梅花都是「五出」。

踏雪尋蠟梅?

因為相似,蠟梅和梅之間,蕩漾著幾許纏綿。

例如,那著名的「踏雪尋梅」典故中說到的梅,是蠟梅,還是梅呢?明末清初文學家、史學家張岱的百科類圖書《夜航船》裡記載,唐代詩人孟浩然,常常冒雪騎驢尋梅,

還曰:「吾詩思在灞橋風雪中驢背上。」

「踏雪尋梅梅未開,佇立雪中默等待。」這樣的情致,真是令人喜愛和嚮往。只是,張岱沒有告訴我們,孟浩然尋的是什麼梅。對孟浩然的詩猶如有心靈感應般,隔代唱和過的蘇軾,以及最積極、最自覺地學習孟浩然之詩的黃庭堅都沒有告訴我們,孟浩然尋的是蠟梅還是梅。

蠟梅開在冬至時節,梅綻放在開春時,冬至和開春之時,都有可能降雪。想來,孟浩然尋的梅既可能是蠟梅,也可能是梅。或者,他當時也分不清楚。

有同樣疑問的還有「松竹梅歲寒三友」。這個典故相傳也源於蘇軾。他被貶至黃州時,曾在東坡開荒種地,蘇東坡的名號由此而來。蘇軾在東坡種了稻、麥等農作物,又築園建房,取名「雪堂」,並在四壁畫上雪花,還在園子裡遍植松、柏、竹、梅等花木。一年春天,黃州知州徐君猷來訪,打趣道:「你這房間起居睡臥,環顧側看處處是雪,當真的天寒飄雪時,不會覺得太冷清了嗎?」蘇軾便手指院內花木,爽朗大笑:「風泉兩部樂,松竹三益友。」風聲和泉聲是可解寂寞的兩部樂章,枝葉常青的松、經冬不凋的竹和傲雪開放的梅,是可伴冬寒的三位益友,何來冷清之說呢?

後人便借「歲寒三友」表現鐵骨冰心的高尚品格,引申為生命力旺盛之意,成為吉祥的象徵。從這個意義上說,蠟

◇冬

梅顯然比梅更為合適。

　　冬至不是一年中最冷的時節，緊接下來還有小寒和大寒。在中國古代北方，由於禦寒保暖的條件差，天寒地凍被認為是一種很大的生存威脅，人們便發明「數九」的方法來排遣心中恐懼，亦表達對生活的祝福，「九九消寒圖」即應運而生。從冬至那天起就算進九了，以九天作一單元，連畫九個九天，到九九共八十一天，圖畫成了，冬天也就過去了。

　　最初的「九九消寒圖」非常簡單，就是農婦用燒火棍在牆上每天畫上一道印，或橫或豎，九個一組，共九組，八十一天。發展到了宋代，人們在冬至日繪製的〈九九消寒圖〉就是一樹素梅，開出九朵花，每朵花九瓣，共八十一瓣。每天描紅一片花瓣，每描完一朵花表示過了一個「九」，待全圖描完，則「數九」寒天已過，春暖而花開。此外，還有一些填字的數九遊戲，比如「門前垂柳珍重待春風」，每個字九畫，每天填一畫，正好八十一畫，填完後就冬去而春來。

　　古人的浪漫、風雅和對生活的熱愛真是深刻至骨子裡的，無論周邊環境多麼險惡，都不能消弭情懷和摯愛。再看那冬至日畫的「九九消寒圖」上的九朵素梅，既然花開九瓣，就極有可能是蠟梅，而不是梅。

在踏雪尋梅、歲寒三友、九九消寒圖等中國博大精深的消寒文化中，蠟梅的風采也許展現在梅身上。然而，這也沒有什麼關係。文化傳承的主要是精氣神，蠟梅和梅，精氣神相通。

小寒始吹花信風，水仙凌波款款來

小寒始，花信風來。

人們把花應節氣而開時吹過的風叫做「花信風」，意為帶有開花音訊的風候。風很守信用，到時必來。

花信風從小寒節氣開始吹，吹至穀雨。四個月，八個節氣，二十四候。每候五日，三候為一個節氣，以一花之風信應之，為「二十四番花信風」。每候都有某種花卉綻蕾開放，以梅花為最先，以楝花為最後。經過二十四番花信風之後，以立夏為起點的夏季就來了。

水仙，開放在小寒時節的第三候（一候梅花、二候山茶、三候水仙），它的渺渺仙氣，令小寒熠熠生輝。

水仙戀影

我養過水仙。

我把它放在室內盛有清水的淺盆中，在水裡放上幾顆淺黃淡白的小石子。我看著水仙像大蒜子一樣的底盤，亭亭玉立於

◇ 冬

清波之上。它的身體慢慢地張開翅膀，露出綠色的嫩葉，開出白色有著黃蕊的小花。綠裙、青帶、素花，格外動人。因為有了水仙的陪伴，室內便有了足夠的溫暖和清香。常常有人來室內閒坐，看花，聊天。人和花，都歡喜著，交相輝映。

水仙別名金盞銀臺，李時珍說：「此物宜卑溼處，不可缺水，故名水仙。金盞銀臺，花之狀也。」水仙也很早就有「雅蒜」之名，明代學者文震亨著《長物志》載：「水仙，六朝人呼為雅蒜。」不過，最早記載水仙傳入中國的文獻大約是唐代學者段公路著的《北戶錄》，在其中「睡蓮」章節後，有晚唐五代詞人孫光憲作的注明。孫光憲說自己在江陵（今湖北荊州）任職時，得到過寄居江陵的波斯人穆思密贈送的幾棵水仙。北宋學者錢易撰寫的筆記小說《南部新書》也作了相似記載：「孫光憲從事江陵日，寄住蕃客穆思密嘗遺水仙花數本，植之水器中，經年不萎。」

據說，水仙是希臘神話中的美男子納西瑟斯變成的。納西瑟斯剛出生就被神預言：只要不看見自己的臉就能一直活下去。為了逃避神諭的應驗，納西瑟斯的母親刻意安排兒子在山林間長大，遠離溪流、湖泊、大海，不讓納西瑟斯看見自己的容貌。長大後的納西瑟斯的確俊美非凡。見過他的女子，無不深深地愛上他。然而，納西瑟斯性格清高，對傾心於他的女子不屑一顧。追求者們生氣了，要求眾神懲罰他。

愛神阿芙羅黛蒂憐惜納西瑟斯，把他化成清幽、脫俗、孤清的小花，盛開在有水的地方，永遠看著自己的影子。

這花即是水仙。在西方，水仙花的意譯便是「戀影花」。

在中國古代，也有關於水仙的傳說，還與洞庭湖淵源深厚。相傳，水仙是堯帝的女兒娥皇、女英的化身。她們同嫁給舜，三人感情甚好。舜在南巡時駕崩，娥皇與女英便雙雙殉情於湘江。上天憐憫二人的至情至愛，將其魂魄化為江邊水仙，成為臘月水仙的花神。

東晉方士王嘉的《拾遺記·洞庭山》則說水仙是楚人對投江而逝的戰國時期楚國詩人屈原的稱謂，他寫道：「後懷王好進奸雄，群賢逃越。屈原以忠見斥，隱於沅湘，披蓁茹草，混同禽獸，不交世務，採柏實以合桂膏，用養心神；被王逼逐，乃赴清泠之水。楚人思慕，謂之水仙。」

洞庭山即今天的君山，位於洞庭湖中，娥皇、女英的墓也在那裡。楚人稱屈原為「水仙」，也許只是「水中之仙」的意思，並不一定與水仙花有關。據傳，寄居在屬於楚國的湖北荊州一帶的穆思密也了解屈原，覺得屈原行吟澤畔的形象與納西瑟斯頗有幾分神似，遂以「水仙」之名替代「戀影花」，贈予孫光憲。

水仙與洞庭湖的淵源，還擴散到被稱為「水仙之鄉」的福建漳州龍海市等地。龍海水仙的發祥地在圓山東北面山麓

◇ 冬

的琵琶坂,相傳是在明朝景泰年間,由琵琶坂一位名叫張光惠的人從洞庭湖帶回去的。當時張光惠在洞庭湖遊覽,偶遇湖面上漂來的一種花,花瑩韻,香清微,不禁作詩大讚「凌波仙子國色香,湖上飄遊欲何往?豈願伴我南歸去,琵琶坂下是仙鄉」,遂將其帶回琵琶坂,用泉眼中湧出的泉水澆灌,命名為「水仙」。

由是,凌波仙子踏水而來。

水仙如命

水仙無疑是屬於一切愛美的人。它的花語有兩說,一是純潔,二是吉祥。

但凡水仙盛開之處,水總是格外潔淨,空氣也格外清新。水仙又簡單樸素,只需要適當的陽光、溫度、清水、石頭,就能夠生根發芽,從這個角度來說,勝過松、竹、梅。一如宋代詩人姜特立的〈水仙花〉所云:「六出玉盤金屈卮,青瑤叢裡出花枝。清香自信高群品,故與紅梅相併時。」

於是,水仙很得隱者心,如南宋遺民、元代畫家王迪簡和南宋畫家趙孟堅,都把水仙愛得真切。王迪簡輕軒裳而重名節,薄田園而厚文墨,以山人處士自居,徜徉於青山綠水間。他善畫山水、竹石,以尤精水仙聞名。他的〈凌波圖〉現藏於故宮博物院,另一幅〈水仙圖〉藏於日本。趙孟堅在南宋變成元代後不樂仕途,基本上隱居,他的〈水仙圖〉現

藏於天津博物館。

把水仙愛得最具特色的，要數明末清初的李漁（西元1611～1680年）。李漁是一個奇人，相傳他襁褓中能識字，四書五經過目不忘，十來歲能下筆千言賦詩作文。他一生著述多達500萬字，涉及文學、戲劇、出版、百科等方面。他的代表作《閒情偶寄》包括詞曲、演習、聲容、居室、器玩、飲饌、種植、頤養等8部，在中國傳統雅文化中享有很高聲譽，被譽為古代生活藝術大全。他還寫了大量劇本和小說、批閱《三國志》、改定《金瓶梅》、倡編《芥子園畫譜》等。甚至，那部多次遭禁的豔情小說《肉蒲團》也是他的大作。

李漁半生在明代，半生在清代。明亡以後，他也一心想歸隱，只是沒隱得徹底。他把水仙當命來愛，以〈水仙〉一文道出心聲：「水仙一花，予之命也。予有四命，各司一時：春以水仙、蘭花為命；夏以蓮為命；秋以秋海棠為命；冬以臘梅為命。無此四花，是無命也。一季缺予一花，是奪予一季之命也。」他說，水仙是他的命。他有四條命，存於一年四季中，春天以水仙、蘭花為命，夏天以蓮花為命，秋天以秋海棠為命，冬天以蠟梅為命。如果沒有這些花，也就沒有他的命了，如果哪一季缺了這一種花，那就等於奪去了他那一季的命。

李漁為了水仙，甚至還冒著大雪從他鄉趕到南京，因為當時南京的水仙很有名。在南京的丙午年（西元1666年）春

◇冬

天，李漁窮困潦倒，無餘錢過年，也無餘錢買水仙。家人便要李漁克制一下，勸戒他一年不看水仙也沒什麼關係啊！李漁卻說：「難道你們要奪走我的性命嗎？我寧可少一年壽命，也不想一個季節沒有我愛之花的陪伴。況且我如果看不到水仙，還不如不來南京，就待在他鄉過年算了。」家人勸不過他，只好給他玉飾，讓他去換水仙。

好一個執著有趣的人，真像孩童一般。跟隨著命運的長河，帶著對水仙的執念，李漁把大起大落的生活過得活色生香。

水仙有毒

水仙冰清玉潔，卻有毒。

作為石蒜科水仙屬草本植物，性味苦、微辛、滑、寒之水仙的毒性主要集中在鱗莖裡，有毒物質多為石蒜鹼、多花水仙鹼等多種生物鹼，牛、羊誤食會立即出現身體痙攣、瞳孔放大、暴瀉等症狀，人誤食會出現嚴重嘔吐、水樣腹瀉、腹痛、眩暈、噁心等症狀，嚴重時甚至會危及生命。水仙的汁液也有毒，中毒症狀與誤食鱗莖類似。對花粉過敏的人接觸水仙花的香氣時，也會產生不適症狀。

然而，水仙又能入藥，有祛風、清熱、除毒之功效。水仙的鱗莖經專業方法炮製和搗爛後可敷治癰腫、鎮痛消炎。潔淨、好看、有用，還有毒，這才是水仙的價值。潔身自

好,可遠觀而不可褻玩,這就是水仙的氣節。屈原、王迪簡、趙孟堅都有著這樣的氣節。

李漁也有這樣的氣節。

他祖居浙江金華府蘭溪縣夏李村,他的後半生,大多數時間住在杭州和金陵(即南京),是一個「賣賦餬口」的專業作家,常常出入士大夫門庭「打抽豐」。「打抽豐」是明、清時代風行的一種社會現象,即未做官的文人,憑某些特長,出入士大夫之門,以此得到饋贈,士大夫也借這班人來獲取美名。「我以這才換那財,兩廂情願無不該」,李漁「混跡公卿大夫間,日食五侯之鯖,夜宴公卿之府」。當然,李漁「打抽豐」有自己的原則,絕不折節自辱。一次,有同學來信說,有個大官要他去見見面,他大約不喜這個大官的品行,便回信說:「弟雖貧甚賤甚,然枉尺直尋之事,斷不敢為……且此公之欲見貧士,豈以能折節事貴人乎?有緣無緣,聽之而已。」李漁交友有道,深明「君子朋而不黨」、「君子之交淡如水,小人之交膠如漆」等古訓。他在〈交友箴〉中寫道:「飲酒須飲醇,結交須結真。飲醇代藥石,交真類松筠。……交道戒紛紜,交情忌稠密。神交千里通,面交九嶷隔。寧寡無濫觴,寧淡無膠漆。」

五十六歲那年,李漁得到了極具藝術天賦的喬、王二姬,遂創立李氏家班,自任教習和導演,將自己創作和改編

◇ 冬

的戲劇悉數教導排演，狠狠地過了一把藝術癮。他以南京芥子園為根據地，帶領家班四出遊歷、演劇，「全國九州，歷其六七」。可惜好景不長，由於積勞成疾，喬、王二姬只過了七年就相繼逝去，留下李漁悲慟欲絕。

當時有些文人看不起李漁，說他「有文無行」，他也不去爭辯，只是堅定地認為：「是非者，千古之定評，豈人之所能倒」，「生前榮辱誰爭得，死後方明過與功」。他相信，歷史會對自己做出公正的評判。

三百多年以後的今天，歷史證實了李漁對自己的評判。這樣的藝術人才，確實是古往今來不可多得的，被所謂「文人」看不起又有什麼關係呢？好比水仙，有毒，但更有用，人們記住的，永遠是它超凡脫俗的美。

「得水能仙與天奇，寒香寂寞動冰肌。仙風道骨今誰有，淡掃蛾眉簪一枝。」突然憶起當時有水仙相伴時高朋滿座的場景了。大多都是年少的人，在水仙的雅致中，揚著青春逼人的臉，含著羞澀清淺的笑，說著簡單清澈的話，彷彿一首歌的歌詞：「記得當時年紀小，我愛談天你愛笑，有一回並肩坐在桃樹下，風在林梢鳥在叫，我們不知怎樣睏覺了，夢裡花落多少。」

透過水仙，我依然看到那清純如水的情懷，和盈盈淺笑的模樣。只是年華如水，早已漸行漸遠。

大寒蘭花，一國之香

「我從山中來，帶著蘭花草，種在校園中，希望花開早。」

耳熟能詳的歌聲，讓蘭花一下子映入眼簾。作為大寒花信風中的二候（一候瑞香，二候蘭花，三候山礬），蘭花的清新素潔和馥郁芳香，令寒冬生出暖意。而蘭花的悠久歷史和深厚情懷，又讓日子充滿底蘊和希望。

大寒，這個二十四節氣中的最後一個節氣，便伴著蘭花，攜帶著冬天的味道，孕育著春天的氣息。日子，在每一個承上啟下裡，循環復始，繼往開來。

臥薪嘗膽，渚山種下越王蘭

中國人很早就開始栽培蘭花了。

南宋文學家羅泌的《路史》記載：「堯帝之世有金道華種蘭。」說的是 4,000 年前堯帝時期，有一個叫金道華的人種植蘭花。而他的種蘭之地，相傳是金華（現浙江省金華市）旁邊的蘭溪。西晉文學家、政治家張華編纂的《博物志》也有舜帝南巡時在蘭臺親手栽蘭的記載。蘭臺的故址相傳是現在的湖北省鍾祥市東部，最早為戰國時期楚國的臺名。先祖為抵禦洪水而在河畔修築了三座防水高臺。舜帝南巡時駐紮在此地，在中臺種下蘭蕙，因而被人稱為蘭臺。

◇冬

蘭花全株均可入藥,其性平,味辛、甘、無毒,有養陰潤肺、利水滲溼、清熱解毒等功效。然而,藥效並非它留下盛名的原因,它特別令人讚賞和喜愛的,是在大寒時節靜默綻放的高潔、堅定的品格。

「蘭為王者香。」孔子(西元前551～前479年)是中國歷史上第一個歌頌蘭花的人,他為蘭花戴上了「王者香」的桂冠,還為蘭花創作了一首琴曲〈猗蘭操〉(又名〈幽蘭操〉)。這個「操」就是節操、操守的意思。東漢文學家、音樂家蔡邕在《琴操・猗蘭操》中記載:「〈猗蘭操〉者,孔子所作也。孔子歷聘諸侯,諸侯莫能任。自衛反魯,隱谷之中,見香蘭獨茂,喟然嘆曰:『夫蘭當為王者香,今乃獨茂,與眾草為伍,譬猶賢者不逢時,與鄙夫為倫也。』乃止車,援琴鼓之;云:『習習谷風,以陰以雨。之子于歸,遠送於野。何彼蒼天,不得其所。逍遙九州,無所定處。世人暗蔽,不知賢者。年紀逝邁,一身將老。』自傷不逢時,託辭於香蘭云。」此中「習習谷風,以陰以雨。……」就是孔子作的〈猗蘭操〉的內容。

春秋末期,越王勾踐(約西元前520～前465年)除了留下「臥薪嘗膽」的故事以外,也留下了「種蘭渚山」的傳說。這事記載在號稱「地方志鼻祖」的《越絕書》中。這是一本專門記載古代吳越地方史的雜史,有「一方之志,始於

《越絕》」之譽,它的成書時間在春秋戰國和東漢之間,關於作者說法不一,有說是子貢、子胥,也有說是東漢會稽山人袁康、吳平。原書 16 卷 25 篇,現存 15 卷 19 篇,「勾踐種蘭渚山」的記載在已經輯佚的 6 篇之中,但紹興文史資料中多次引用。《寶慶續會稽志》(西元 1225 年)關於「蘭」的記載中提道:「蘭,《越絕書》曰:勾踐種蘭渚山。」

西元前 492 年,越王勾踐從吳國被釋放回國,立志滅吳,報仇雪恥。《史記》記載:「越王勾踐返國,乃苦身焦思,置膽於坐,坐臥即仰膽,飲食亦嘗膽也。」一方面,他勵精圖治,鼓勵農耕,厚養國力。另一方面,他又時時投吳王所好,對吳王表達「忠心」。吳王廣求奇花異草、珍稀禽獸,還不惜人力財力打造宮苑,「臺榭陂池必成,六畜玩好必從」。勾踐便建立犬山以畜犬,獵南山白鹿,以獻吳;又建立美女宮,調教美女西施、鄭旦,在渚山建立蘭花基地,以呈吳王。十年生聚,十年教訓,終於滅吳稱霸,逐鹿中原。

勾踐的種蘭之地 —— 渚山,因為勾踐種蘭,而被後人命名為蘭渚山。蘭渚山是距紹興城以南二十五里的小山,東臨古鑑湖,西背會稽山。蘭渚山下的集市命名為花街,漢時所建的驛亭稱為蘭亭。

蘭亭,因蘭而美。

◇ 冬

曲水流觴，千年蘭亭一序名

在勾踐種蘭 800 年以後，因為一場聚會，蘭渚山下的蘭亭再一次聲名鵲起，並在歲月的悠悠長河中熠熠生輝。

《舊經》曰：「勾踐種蘭之地，王、謝諸人修禊蘭渚亭。」《舊經》全名為《越州圖經》，成書於北宋祥符年間（西元 1008 ～ 1016 年）。文中的王、謝，分別指東晉書法家王羲之和政治家謝安。「修禊（ㄒㄧㄡ ㄒㄧˋ）」，古稱「祓禊（ㄈㄨˊ ㄒㄧˋ）」，是源於周代的一種古老習俗，即農曆三月上旬「巳日」這一天（魏以後始固定為三月三日），到水邊嬉遊、沐浴、洗濯，以除病去邪、消災免恙。後來將文人飲酒賦詩的集會，也稱為修禊。按照《舊經》的說法，勾踐種蘭之地，和王羲之等人修禊的蘭亭，是同一個地方。

西元 353 年（東晉永和九年）三月三日，時任右將軍會稽內史的王羲之邀時任司徒的謝安、左司馬孫綽等親朋好友共四十二人在蘭亭修禊，以「曲水流觴」的遊戲，飲酒賦詩。他們圍坐在迴環彎曲的水渠邊，將特製的酒杯（一般為漆器）置於上游，任其順著曲折的水流緩緩漂移，酒杯停到誰的面前，誰就得賦詩一首，否則罰酒一杯。如此循環往復，直到盡興為止。那一場聚會中，王羲之、謝安、孫綽等十一人各作詩兩首，散騎常侍郗曇、前參軍王豐之等十五人各作詩一首，另有王獻之等十六人因未成詩而罰酒三杯。所

有人都記錄在冊，有姓有名，且大多有官職，三十七首詩收錄成一個集子，名《蘭亭集》。活動結束時，大家公推此次活動的召集人王羲之寫一篇序文，王羲之於「微醉之中，振筆直遂」，用蠶繭紙、鼠鬚筆疾書寫出 324 字、28 行的〈蘭亭集序〉：「永和九年，歲在癸丑，暮春之初，會於會稽山陰之蘭亭，修禊事也。群賢畢至，少長咸集。此地有崇山峻嶺，茂林修竹；又有清流激湍，映帶左右，引以為流觴曲水，列坐其次。雖無絲竹管弦之盛，一觴一詠，亦足以暢敘幽情……」疏朗簡淨、玲瓏剔透的語言，讀來朗朗上口、韻味深長。書寫更是遒媚飄逸，字字精妙，點畫靈巧，凡有重複之字，皆變化不一。這有如神助的篇章，被歷代書法界奉為極品，號稱「天下第一行書」。

相傳王羲之酒醒之後，也陶醉於自己的這幅作品中。因為有幾處塗改，他覺得美中不足，便想重新寫一下。誰知前後寫了多遍，都覺得不如原稿。只可惜這樣一件書法珍品，最後做了唐太宗李世民的殉葬品，現在流傳下來的都是摹本。

而王羲之與越王勾踐的淵源，除了蘭渚山和蘭亭之外，還有被送給吳王的美女西施。西施出生於越國諸暨苧蘿村施家，苧蘿有東西二村，西施居西村，故名西施。其父賣柴、母浣紗，西施亦常浣紗於溪，故溪又被稱為浣紗溪。在當年

◇ 冬

西施浣紗之處，有一大方石，上鐫「浣紗」二字，就是王羲之的手筆。

古石猶在，蘭花仍香。

借蘭言志，抱芳守節唯斯人

「猶記蘭亭三月三，流觴曲水暢清酣。分明一段永和意，好向羲之筆外參。」

蘭亭一序，連同曲水流觴的故事，影響了一代又一代的中國文人，其中就包括此詩的作者鄭思肖。鄭思肖對蘭的感情，比前人更盛，且更為獨特。

鄭思肖原名鄭之因，連江（今福建省福州市連江縣）人，出生於南宋理宗淳祐元年（西元1241年）。他的父親鄭起是南宋平江（今江蘇蘇州）書院山長。鄭之因年少時秉承父學，明忠孝廉義。二十歲左右，為太學才俊，應博學鴻詞試，授和靖書院山長。

當元軍大舉南下時，鄭思肖到臨安（今杭州）叩宮門上疏皇帝，怒斥權臣尸位素餐，恃權誤國，要求革除弊政，重振國威，抵抗元軍。但上書被權貴扣壓，未予上報。

南宋滅亡後，鄭思肖學伯夷、叔齊不食周粟，不臣服蒙元的統治。他改名鄭思肖，因「肖」是宋朝國姓「趙」的構成部分，字憶翁，號所南，也都包含有懷念趙宋的意思。鄭思

肖還把居室題額為「本穴世家」,將「本」下的「十」字移入「穴」字中間,便成「大宋世家」,以示對宋的忠誠。鄭思肖自稱「孤臣」,心繫南方,面朝南坐,不北面事異族,平素不與北人來往,聽聞有人講北語,就掩耳走開。鄭思肖原與宋宗室、畫家趙孟頫交往較多,後趙孟頫降元並任官,鄭思肖即與之絕交。趙孟頫曾前往拜訪,鄭思肖都拒絕見面。

鄭思肖擅畫蘭花,宋亡後,他所畫蘭花均無土和根,表示土地已淪喪於異族、無從扎根之意。他說:「土為番人奪,忍著耶?」他筆下蘭花疏花簡葉,不求甚工,畫成即毀,絕不隨便送人。當時一些權貴向他索取蘭花畫,他一律不給。而普通老百姓向他求畫,他如果感到合意,反而會給。邑宰(縣長)求之不得,知其有田,便以增加賦稅來威脅他。鄭思肖怒道:「頭可斷,蘭不可畫!」

所以,鄭思肖存世至今的蘭畫極少,現存的兩幅〈墨蘭圖〉,一幅是藏於日本大阪市立美術館的〈墨蘭圖〉,寬25.7公分,長42.4公分,以寥寥數筆,勾勒出一叢優雅清傲之蘭,葉與葉之間不交叉,花下無土,根似有若無。畫上右邊鄭思肖自題詩云:「向來俯首問羲皇,汝是何人到此鄉;未有畫前開鼻孔,滿天浮動古馨香。」畫上左下鄭思肖閒章一方畫龍點睛:「求則不得,不求或與,老眼空闊,清風萬古。」詩畫相和,情思溢於毫鋒,磊落胸襟盡顯紙上。畫上

◇ 冬

還蓋有乾隆、嘉慶、宣統三位皇帝的「御覽之寶」印章，顯示此畫原為清宮的藏品，從乾隆和宣統傳承有序，清亡後才被日本人獲得。另一幅現藏於美國耶魯大學藝術陳列館的〈墨蘭圖〉為長卷，所繪之蘭為一株一花，墨色淡雅，葉片瘦韌細長，傲然吐露蕊香。畫面自題：「一國之香，一國之殤，懷彼懷王，於楚有光。」

鄭思肖一生只忠於大宋，唯恐自己「不忠不孝」，直到元仁宗延佑五年（西元 1318 年）去世前，他還叮囑友人為他撰寫牌文「大宋不忠不孝鄭思肖」以自責。元末明初的畫家、詩人倪瓚（西元 1301～1374 年）寫下〈題鄭所南詩〉：「秋風蘭蕙化為茅，南國淒涼氣已消。只有所南心不改，淚泉和墨寫離騷。」

在倪瓚看來，鄭思肖那無根的墨蘭分明就是以淚當墨、長歌當哭寫就的一段孤高悲情。如此執著恆定，如此抱芳守節，古今無雙。

大寒蘭花，一國之香 ◇

國家圖書館出版品預行編目資料

本草二十四節氣：藉節氣讀植物，藉植物讀文化！看見古人的節令觀念、飲食文化與醫學智慧 / 管弦 著 . -- 第一版 . -- 臺北市 : 崧燁文化事業有限公司 , 2025.08
面； 公分
POD 版
ISBN 978-626-416-742-0(平裝)
1.CST: 藥用植物 2.CST: 節氣 3.CST: 中國文化
376.15　　　　　114011550

本草二十四節氣：藉節氣讀植物，藉植物讀文化！看見古人的節令觀念、飲食文化與醫學智慧

作　　者：管弦
發 行 人：黃振庭
出 版 者：崧燁文化事業有限公司
發 行 者：崧燁文化事業有限公司
E - m a i l：sonbookservice@gmail.com
粉 絲 頁：https://www.facebook.com/sonbookss/
網　　址：https://sonbook.net/
地　　址：台北市中正區重慶南路一段 61 號 8 樓
8F., No.61, Sec. 1, Chongqing S. Rd., Zhongzheng Dist., Taipei City 100, Taiwan
電　　話：(02) 2370-3310 　傳真：(02) 2388-1990
印　　刷：京峯數位服務有限公司
律師顧問：廣華律師事務所 張珮琦律師

-版權聲明-

本書版權為北嶽文藝所有授權崧燁文化事業有限公司獨家發行電子書及繁體書繁體字版。若有其他相關權利及授權需求請與本公司連繫。
未經書面許可，不可複製、發行。

定　　價：299 元
發行日期：2025 年 08 月第一版
◎本書以 POD 印製